市場分析のための統計学入門

清水千弘

［著］

朝倉書店

はじめに

　近年，ビッグデータ，機械学習または人工知能といった分野が再度注目されるようになってきている。筆者自身が統計分析の研究に傾注していったのは，今から四半世紀前の大学院に進学してからであった。1990年代前半は，人工知能に関する研究または機械学習の第二次ブームが過ぎ去ろうとしていたときであった。しかし，抽象的な数学モデルの研究をしていた当時の筆者から見ると，実社会との強い接点を持つ統計分析は，多くの発展可能性のある世界に見えた。

　当時は，大手のシステム会社が競ってボストンの住宅価格のデータを対象に，機械学習の手法を使ってどの程度の正確さをもって予測することができるのかを競争していた。また，ボストンにあるハーバード大学とマサチューセッツ工科大学の教員らが集うリンカーン土地問題研究所では，その実用化の研究が報告されていた。

　また，その頃の日本は，1980年代後半から始まった不動産バブルの崩壊期でもあった。筆者を統計分析・計量経済分析の世界へと導いてくださった中村貢教授の東京大学の退官記念論文集が，『日本の株価・地価』(東京大学出版会)であった。中村先生は，東京大学の歴史のなかで初めて計量経済学を指導された先生である。修士課程のときには，中村先生からマンツーマンで統計学と計量経済学をご指導いただく機会をいただき，ますます統計の魅力へとひきつけられていった。そして，中村先生から，先生の師でもある大石泰彦先生の翻訳による，ハラルド・クラーメルの『確率論入門』(東洋経済新報社)を読むことをすすめられ，確率論の面白さと出会った。その大石先生は，筆者が最初の社会人人生を送ることとなる現在の一般財団法人 日本不動産研究所のなかに「地価問題研究会」を立ち上げられ，土地価格の構造を理論的・実証的に解明

しようと試みられていたことを，中村先生の講義を通じて伺っていた。今から40年近く前に日本で最初に，統計的な手法，今でいうヘドニック価格法を用いて不動産価格指数を推計したのは，この研究チームであった。それはこの分野の世界の歴史のなかでも，もっとも早い時期に行われた研究であったといってもよいであろう。

そして，中村先生の門下生の一人で，その後中村先生からの筆者の指導を引き継いでくださった西村清彦先生が，『日本の地価の決まり方』（筑摩書房）を出版された。また，博士論文の指導教授としてご指導いただいた浅見泰司先生は，空間解析技術を応用して環境質と地価との関係を積極的に研究されていた。

そのような統計学・機械学習・経済学・空間解析と地価といったキーワードが有機的に結びつくなかで，筆者自身が不動産価格の価格決定構造を統計的に解明しようという強い学問的な動機を持つに至ったことは自然の流れであった。

また，中村先生からの勧めで進学した当時の東京工業大学大学院理工学研究科は，不動産市場の統計分析の分野でもっとも実績を持つところであった。建築，土木工学，景観工学，都市計画，理論物理，機械工学，経済学，法律学，社会学，金融工学，ゲーム理論などのあらゆる分野から教員や大学院生が集まり，精力的に研究が進められていた。なかでも東大で理論物理を学ばれてから東工大に移られた後，麗澤大学に着任されたばかりだった小野宏哉先生からのご指導は，単なる統計技術といった枠にとどまらず，物理の実験方法から統計的な思考に至るまで，多くのことを学ばせていただいた。

そのようななかで，統計解析，AI，機械学習といっても，それを学習させるための設計がいかに重要であるか，不動産価格というものが，いかに複雑な要素で決定されているのかを深く学ぶ機会があったことは，後の研究に大いに役立ったと考えている。

しかし，実際に，不動産価格の構造を解明し，自動不動産鑑定装置のようなものを開発しようとすると，当時の技術力では多くの障害があった。第一がデータの限界である。ボストンの住宅価格のデータも数百といった小サンプルのデータで競い合っていた。学習させるためのデータを大量にまたはリアルタイ

ムに収集していくことには多くの限界があった。また，その学習データの精度もまた，必ずしも高いものではなかった。第二が，計算能力の限界である。当時のメインフレームと呼ばれる大型コンピューターでも，数千のデータでさえ複雑な計算をさせようとすると，数時間，場合によっては数日間の時間が必要であった。また，不動産価格を決定する専門家である不動産鑑定士の意思決定構造を学習させようとしても，その構造には複雑な経路が存在するため，当時の技術力ではそれを実現することは困難であった。

筆者が最初にビッグデータに出会ったのが，1990年代半ばである。株式会社リクルートが出版していた「週刊住宅情報」に掲載されていた数百万件のデータが分析可能な状態で保存されていた。さらに，金融工学が注目される過程で，当時の東京海上火災株式会社(現・東京海上日動火災株式会社)から，そのデータを用いてリスク量が計算できるような不動産価格指数が計算できないかといった相談があった。東京海上火災，リクルートと共同で，その大規模データを用いて，不動産価格指数，自動価格査定装置の開発を完成させたのが，1997年から1998年のことである。そして，「データマイニング」ブームとも重なり，推計技術の研究にも注力していった。

その研究成果は，そのようなビッグデータの魅力に惹かれて移った二つ目の職場となる株式会社リクルートで，実際の事業として社会へと還元していく機会に恵まれた。開発したシステムは2000年代初頭からメガバンクでの自動住宅ローン・アパートローン審査システムとして稼働をし始め，早いもので10年以上が過ぎた。それ以外にも，リクルートでは金融事業，大規模な電話帳データを用いたフリーペーパー事業の立ち上げや，コンビニATMの最適化システムの開発，賃金予測システムの開発からKPIを用いた事業ポートフォリオの開発など，様々な研究開発・事業開発に参加させていただいた。

2005年に大学の教員に転じてからは，ある意味，ビジネス界とは一定の距離を持つこととなった。しかし，不動産価格指数の研究が高く評価され，2009年から現在に至るまで国連，経済協力開発機構(OECD)，国際通貨基金(IMF)，国際決済銀行(BIS)などが進める国際的な不動産価格指数を整備していくプロジェクトの専門家メンバーに抜擢され，マサチューセッツ工科大学のDavid Geltner教授，IMFのMick Silver氏をはじめとする多くの世界を代表する研

究者，国際機関の専門家と一緒に仕事をするなかで新しい統計技術の魅力を発見することができた。なかでも同プロジェクトの中心的な役割を果たされたブリティッシュコロンビア大学の Erwin Diewert 教授と，2011 年から 2014 年まで同プロジェクトの推進と講義を行うためにバンクーバーでともに過ごすことができたことで，経済測定，つまり物価，生産性，資本から公的資本の測定に関連した費用便益分析に至るまで，公的統計の分野へと研究対象を広げることができた。

そして，現在の AI，機械学習ブームへと突入してきている。ビッグデータを分析可能な状態へと変換する技術が次々と開発され，計算機の技術が飛躍的に向上し，それと合わせて複雑な計算を実行できる環境も整ってきている。

筆者は，フェローとして参加しているリクルート AI 研究所での仲間たちとの最近の仕事を通じて，統計技術に裏付けられた AI・機械学習が，従来型の産業の生産性を飛躍的に改善していくことを実感させられている。1990 年代初頭に我々が直面した困難が技術的に解決されることで，無限の可能性が広がってきていることは確実である。そして，その成長速度は加速度的に高まってきており，これからどのような世界へと向かっていくのかということは，まったく想像ができない。

こうした世界のなかで，統計学の基礎的知識を習得していくことの重要性は，ますます大きくなっていくであろう。それは，工学部，理学部に所属する学生だけでなく，法学部，経済学部，社会学部，教育学部，そしてスポーツ科学に至るまで，あらゆる分野で必要になるであろう。また，ビジネスマンとして働き始めている方々にとっても，統計学は英会話とともに必要な基礎的知識の一つになるものと確信する。

筆者は，高校・大学時代と数学・統計学は大の苦手であった。それを学習することの意義を見出すことができないでいた。そのような落ちこぼれ学生であった筆者が，現在，シンガポール国立大学で統計分析・機械学習の基礎などを教えていることは，当時の自分からは全く想像できないことである。

本書は，そのような落ちこぼれ学生が，四半世紀にわたり統計指数の開発と整備，マーケティング，新規事業開発をビジネスの現場でしてきたなかで最低限必要と感じた統計知識を，その後の大学人として国内外の教育の現場で教え

てきた経験をもとにまとめたものである。

　大学の初等教育用の教科書としての執筆を目的としたために，講義と演習を前提としている。本書だけでは十分に理解ができない部分については，他書を参照していただきたい。

　本書が，統計学の勉強をあきらめてしまったビジネスマン，高校生の時に数学が苦手だった学生が少しでも統計学に興味を持ち，実社会で生き抜いていくための知識の一つとしての統計技術を身に着けていただけることの一助となることを願うものである。

　2016 年 3 月

シンガポール国立大学の研究室にて　　清 水 千 弘

目　　次

第1章　統計学をどうして学ぶのか？ …………………………………… 1
　1.1　統計データを正しく見る　1
　1.2　統計データの誤差と意思決定　3
　1.3　統計分析は専門家を超えることができるのか　5
　1.4　統計学とは何か　7

第2章　統計分析とデータ ………………………………………………… 9
　2.1　市場分析とデータ　9
　2.2　誤差の構造を知る　11
　　2.2.1　測定誤差　12
　　2.2.2　調査誤差　14
　2.3　統計データの分類　17
　　2.3.1　データの尺度　17
　　2.3.2　時系列データとクロスセクション・データ　18
　2.4　統計分析の限界　19

第3章　経済市場の変動を捉える1
　　　　──算術平均・幾何平均・中央値 ……………………………… 20
　3.1　市場の代表性を表す統計量　21
　　3.1.1　算術平均　21
　　3.1.2　中央値　23
　　3.1.3　最頻値　24
　3.2　市場の変動を捕捉する：幾何平均　24
　3.3　残された問題：市場の代表性　26

第4章　経済市場の変動を捉える2
　　　　──記述統計と経済指数の考え方……………………………………27

4.1　市場変動を捕捉する　28
　4.1.1　物価指数の考え方　28
　4.1.2　記述統計：平均値　31
4.2　物価指数の計算　33
　4.2.1　ラスパイレス指数　34
　4.2.2　パーシェ指数　36
　4.2.3　連鎖型指数　37
4.3　不動産価格指数と市場動向　39

第5章　経済指標のばらつきを知る
　　　　──範囲・四分位偏差・分散・標準偏差……………………………41

5.1　「散らばり」を調べる　42
　5.1.1　範囲　42
　5.1.2　四分位偏差　43
　5.1.3　分散・標準偏差　44
5.2　「散らばり」を表す統計量の見方　46
5.3　「散らばり」の大きさが意味するもの　48

第6章　分布の形と不平等度を調べる
　　　　──度数分布・ヒストグラム・ジニ係数………………………………50

6.1　度数分布から記述統計を計算する　51
　6.1.1　度数分布とヒストグラム　51
　6.1.2　度数分布から平均値を計算する　53
　6.1.3　度数分布と分散・標準偏差　55
6.2　「不平等度」を表す統計量：ジニ係数　56
　6.2.1　ジニ係数　56
　6.2.2　ハーフィンダール・ハーシュマン指数　59
6.3　統計分布から何を読み取るべきか？　60

第7章 相関関係を測定する──共分散と相関係数 …………………… 62

7.1 相関関係と因果関係　62
7.2 相関係数を計算する　63
  7.2.1 相関係数の種類　63
  7.2.2 共分散　64
  7.2.3 相関係数　68
7.3 相関分析　69
  7.3.1 相関係数の解釈　69
  7.3.2 相関マトリックス　70
7.4 相関分析の注意点　72

第8章 因果関係を測定する──単回帰分析の係数導出 …………………… 74

8.1 直線の当てはめ：最小二乗法　75
8.2 単回帰モデルの信頼性　79
  8.2.1 説明力　80
  8.2.2 回帰分析の信頼性：t値　81
  8.2.3 帰無仮説とt検定　82
  8.2.4 回帰分析の限界　83
  8.2.5 外挿の危険　84
8.3 回帰分析の応用　84

第9章 複雑な因果関係を測定する──重回帰分析の係数導出 ………… 86

9.1 直線の当てはめ：最小二乗法（重回帰の場合）　87
9.2 重回帰モデルの信頼性　91
  9.2.1 モデルの説明力　91
  9.2.2 構造変化問題　93
  9.2.3 非線形性　94
9.3 回帰分析の応用　95

第10章 回帰分析の実際 ……………………………………………………… 96

10.1 回帰係数はどういうときに信じていいのか？　97

目　次　　　　　　　　　　　ix

　10.2　構造変化テストについて　98
　10.3　構造変化問題への対応方法　104

第11章　回帰分析におけるモデルの評価 …………………………… 106
　11.1　モデルの当てはまりのよさの調べ方　106
　　11.1.1　推計されたモデルを評価する　106
　　11.1.2　自由度調整済み決定係数とAIC　107
　　11.1.3　モデル選択　108
　11.2　推計された回帰係数は信じていいのか？　112
　　11.2.1　t検定とF検定　112
　　11.2.2　尤度比検定　114
　　11.2.3　検定統計量の計算　115
　11.3　ビジネスでの統計分析の活用　116

第12章　回帰分析における残された課題 ………………………………… 118
　12.1　回帰分析の修正　118
　　12.1.1　回帰係数の不偏性　118
　　12.1.2　系列相関　119
　　12.1.3　不均一分散　121
　12.2　説明変数間に相関がある場合：多重共線性の問題　124

第13章　回帰分析を超えて ……………………………………………… 127
　13.1　ビッグデータ分析とデータマイニング　127
　13.2　ニューラルネットワークによる不動産価格関数の推定　130
　　13.2.1　ニューラルネットワーク　130
　　13.2.2　回帰木　131
　13.3　住宅価格データによる予測精度の比較　133
　　13.3.1　回帰モデルによる住宅価格関数の推計　133
　　13.3.2　ニューラルネットワーク・回帰木のモデル推計　135
　　13.3.3　手法別予測精度比較　135
　13.4　ビッグデータ分析の可能性と限界　139

目　次

付　　録　141
文　　献　143
索　　引　145

第 1 章

統計学をどうして学ぶのか？

1.1　統計データを正しく見る

　経済社会で起こる様々な現象を分析しようとしたときには，様々な統計データを見ながら判断する。そのようななかで，統計技術が用いられる機会が，IT技術の進歩とともに増えてきている。二，三十年も前であれば，きわめて限られた環境に置かれた大学の研究者や政府機関のエコノミスト，または民間でも大手のシンクタンクでしか利用できなかった計算環境が，今では，当時の何倍もの性能を持つ小型コンピュータとして家庭のなかにまで持ち込まれてきた。加えて，汎用的な計算ソフトウェアも次々に開発・提供され，今ではフリーソフトでほとんどの計算ができるようになった。

　このような環境の変化によって，大学やビジネスパーソン向けの統計教育も大きな変化を遂げてきた。二，三十年前の大学での統計教育は，紙と鉛筆を使い，難解な数式とにらめっこするようなものであった。式の概念は理解できても，そこから導かれる結果が，一体何を意味し，どのように自分の研究やこれからの社会において活用することができるのかといったことを想像することが難しかった。さらには，実際に学習した統計量を計算しようとすると，大型のコンピュータがある電算センターに行き，プログラミング言語とも格闘しなければならなかった。

　また，当時においては，同じデータを用いて同じ統計解析手法で計算したとしても，求められた結果が異なるといったことも頻繁に出ていた。そのため，複数のプログラミング言語やソフトウェアで推計し，その確からしさをも調べなければならなかった。

しかし，その後の計算技術のめざましい進歩によって，このような問題が一気に解決されてきた。そして，幅広い学問分野で活用されるようになり，さらには，ビジネス現場へと広く普及していった。それに合わせて，統計教育の現場でもコンピュータを用いた教育が一般化され，様々な統計解析ソフトウェアを用いて講義が展開されるようになった。

とりわけ企業での仕事の進め方に，大きな環境変化をもたらした。新規事業の開発や商品のマーケティングなどの企画部門などの特定の部署だけでなく，売上げの管理や営業提案などの営業現場においても，程度の差こそあれ様々な統計分析が利用され，その結果を表現した図や表をわかりやすく表現していくことが一般的になった。つまり，統計技術は，ビジネスパーソンとしての必要条件となったのである。

広い意味での統計技術は，従来行われてきた業務の効率性を高めたり，様々なビジネスシーンでの意思決定を援助するための多くの材料を提供する機会を増大させたりしたといった意味では，経済社会全体に対して，きわめて大きな貢献をもたらした。

しかし，統計技術の一般化によって，その誤用が企業などの組織や社会全体のリスクになる可能性も大きくなっているといっても過言ではない。企業の新規事業開発において，様々な意思決定を行う際に示された統計データやその分析結果が間違っていたらどうであろうか。その結果，企業は大きな損失を受ける可能性は否定できないであろう。政府が公表する統計データおよびその分析結果に誤りがあった場合はどのようなことが起こってしまうのであろうか。最善と思われた経済政策を取り巻く政治的な意思決定が，その判断の根拠となった統計データやその分析結果が間違っていたことによって，社会的な混乱を招く原因にもなりかねない。

このようななかで重要になってくるのが，統計データを正しく見る目であったり，正しく統計データを作成する技術であったり，その統計データを正確に分析する技術であったりと，統計に関連する基礎的な教養なのである。

しかし，高校までの統計教育はかなり限定され，それを教えることができる教員も少ない。一方で，IT技術の進展やビッグデータと呼ばれるデータ集積はますます進み，社会における統計技術の重要性は高まっていくことが容易に

予想できる。そのようななかで，大学における統計教育，ビジネスの現場における統計学の学び直しに対する需要は，ますます大きくなってくるものと予想できる。

1.2　統計データの誤差と意思決定

　経済社会には，様々な統計データがあふれている。そして，その統計データは正しいものであり，統計分析は人間の主観が入らない客観的な事実であるから統計分析こそが正しい，優れた分析手法であるというような主張を聞くことも少なくない。このような主張は，とりわけ統計リテラシーが低い業界や職場で聞かれることが多い。

　統計分析はきわめて有効で，統計データは社会的に重要であることは否定されるものではない。しかし，統計と向き合うにあたり，次の点に留意しなければならない。

　たとえば，多くの国の金融政策においては，中央銀行は物価の動向を注視しながら運営されている。「インフレ・ターゲット」とも呼ばれ，一定のインフレ率(物価上昇率)を維持するように政策決定が行われている。そのような意思決定においては物価上昇率が根拠となっているものの，その計算のもとになる「消費者物価指数」が正確でなかったらどのようなことになってしまうのであろうか。

●バターの価格と物価指数　　わが国の消費者物価指数は，物価統計を作るためのガイドラインに基づき，各調査員が各店舗で決められた商品の価格を調査した上で，それが指数として集計される。そうすると，たとえばバターの価格を調べるときに，どのバターを調べたらよいのか(雪印バター100gがよいのか，明治のレーズンバターをどうしたらよいのか)，どのような店舗を選んだらよいのか(イオンなどのチェーン店でよいのか，近所のスーパーの方がよいのか)，などといった判断が必要であり，その選択によって価格が異なってしまうことは容易に予想できるであろう。

　この問題に加えて，どの時点のどのような価格を調査するのかといった問題にも直面する。バターの価格は，たとえば，一カ月の間にセールが行われる場

合もあるし，一日の中でもタイムセールがあるような場合には，時間帯によって価格が変化してしまう。その場合には，セールなどの特殊な期間を除いた価格として調査されることとなっているが，どの期間がセールであるのかという判断が要求される。表示にはセールと書かれて価格が一回下がったとして，その価格が何週間，何カ月も据え置かれることはしばしば店頭で見受けられることである。その場合には，調査員の判断が必要であることから，基準を作って一律に調査方法が統一化されている。このときに，サンプリングが正しく行われなければ，作成された物価指数の動きは正しく市場を表すことができないこととなってしまう。このような問題は**サンプリング問題**と呼ばれる[*1)]。

さらに，物価指数を作成していく上では，平均値などの統計量に集約される。簡単な例では，あるグループを表現しようとしたときには，平均値とか中央値などといった代表性を表す統計量で示される。「A市のバターの平均価格はX円であると求められたとしても，単純に平均値だけ見ていては間違った判断をしてしまうことがある。最低値と最大値の差やデータのばらつきがどのようになっているのか，どの程度のデータからもたらされた統計量なのか，その誤差はどの程度存在するのか(この数字をどの程度信じてよいのか)などを，理解しておく必要がある。

また，物価指数を最終的に作成するためには，価格だけでなく取引された数量(ウェイト)に関するデータも必要とされる。その個別に調査された価格や数量に関する統計データをどのように合成していくのかといった方法によっても，作成された統計が大きく異なる。つまり，その集計する方法によって一定のバイアスがもたらされることが知られている。この問題は**集計バイアス**と呼ばれる[*2)]。

このように，物価の動きを把握しようというだけでも，様々な問題を内包する。その統計データに誤差が存在する場合には，政策判断・意思決定が正しく

[*1)] 米国の消費者物価統計の調査においては，ランダムサンプリングと呼ばれる方法で，店舗・商品を選択している。日本と米国の調査方法の違いは，Imai, Shimizu and Watanabe (2012)[5)] を参照されたい。

[*2)] 代表的な物価指数の作成方法としては，ラスパイレス指数，パーシェ指数，フィッシャー指数，ヤング指数，ディビジア指数などの方法がある。それぞれの指数の合成方法によって，バイアスを持つことが知られている(http://www.cs.reitaku-u.ac.jp/sm/shimizu/Lecture/Reitaku-Univ/Index%20Number.html)。

行う能力が意思決定者に備わっていたとしても，その前提がくずれてしまうことで，誤った判断をしてしまうことが予想されよう。

そうすると，政策判断を行うものは，そのような統計データの誤差をも含めた上で判断をしていくことが重要になる。その誤差を推し量ったり，その誤差を踏まえて分析しようとしたりする場合にも，その調査設計の理解が必要となり，そのためにも統計知識が重要になるのである。

1.3　統計分析は専門家を超えることができるのか

統計技術の普及と進歩は，専門家と呼ばれる人たちには，一つの脅威になってくることもある。たとえば法律の分野では，過去の裁判の結果（判例）を記憶・分析することで，判決の行方を予測するなどといったことも行われている。また，会計システムの飛躍的な発達によって，税理士・公認会計士と呼ばれる人たちが行ってきた業務の一部が，それぞれの企業などの内部で処理されるといったことも起こった。

●不動産の価格　たとえば，不動産鑑定士という専門家について考えてみよう。不動産鑑定士は，弁護士，公認会計士と並び三大国家試験といわれている。不動産鑑定士は，不動産の鑑定評価に関する法律に基づき制定された国家資格であり，「不動産の経済価値に関する高度専門家である」と定義されている。新聞報道などでしばしば聞かれる「A市の土地の価格はX円である」，「東京の地価がZ％上昇した」，「全国でM地点の地価が上昇に転じた」などといった情報の源泉は，不動産鑑定士によって決定された「不動産鑑定価格」といったものの価格水準や変化である。

このような制度は日本特有なものではなく，ほとんどの国において存在する。

近年においては，不動産の価格に関する情報がインターネットなどで容易に入手ができるようになり，コンピュータ技術が進歩するなかで，そのような専門家がやっている分析を，統計的な分析技術を用いて代替させようとする動きが出てきていることは自然な流れである。

●データマイニング　その研究の中では，チェスや将棋などのある程度制御された空間の中で，それぞれのプロとコンピュータが対戦するようなことも行

われている。その背後にあるのが，ビッグデータ(big data)解析，またはデータマイニング(data mining)などと呼ばれる技術である)。とりわけ，人間が自然に行っている学習能力と同様の機能をコンピュータで実現しようとする**機械学習**(machine learning)が注目されるようになってきている。

データマイニングのなかで利用されている手法は，統計分析の伝統的な手法である回帰分析や，時系列予測法，クラスター分析などである。汎用の一般的な統計ソフトの中にかつては入っていなかった分析ツールとしては，並列型情報処理を行うニューラルネットや人工知能エンジンとしての研究が進められた**決定木**(decision tree)や**回帰木**(regression tree)などであり，さらにはマーケットバスケット分析，記憶ベース推論(MBR)，リンク分析や遺伝的アルゴリズムなども含まれる場合がある。詳細は，第13章を参照されたい。

●**自動不動産鑑定システム**　このデータマイニングのもっとも代表的な分析手法であるニューラルネットワークや回帰木の研究段階において，多くの開発企業が扱ってきた典型的な研究対象の一つが，**自動不動産鑑定システム**(auto appraisal system)の事例なのである[*3]。つまり，不動産鑑定士という専門家が行っている価格決定という意思決定手続を，統計分析・コンピュータによって代替させることが研究されてきたのである。

それでは，このような統計技術によって導き出された結果と，不動産鑑定士といった専門家が導き出してきた結果と，どの程度の乖離があり，どちらがもっともらしいと考えられるのであろうか。

多くの専門家の検証の結果，どちらも70点ということである。つまり，差は大きくないということを意味する。そうすると，不動産鑑定士という専門家は，差別化ができない限り，仕事を失うことになる。市場では，より安く，早く，効率的に大量な処理ができるほうが好まれるためである。

それでは，専門家といわれる職業は，統計分析に裏付けられたコンピュータシステムなどによって取って代わられてしまうのであろうか。

前述のように，統計技術やコンピュータは，あくまでも意思決定の支援でし

[*3]　ビーガス(1997)[6]，ベリー・リノフ(1999)[7]，森下・宮野編著(2001)[9]を参照。また，不動産市場とデータマイニングに関しては，Wozzala, Lenk, and Silva(1995)[25]または清水千弘(2004)『不動産市場分析』[16]の第10章が詳しい。

かない。将来において，意思決定そのものまで実施できるような技術が開発されるかもしれないが，現段階ではそのようなところまでの技術が進歩しているとはいえない。

不動産鑑定士の例を取り上げれば，その価格決定手続のなかで，統計技術を利用していけばよいということであろう。統計技術の長所は，再現可能性が担保されているという点である。つまり，伝統的な手法に基づく意思決定手続のなかに，統計技術を利用することで，科学的な市場分析へと進化させることができるというメリットを生かせばよいのである。

近代統計学理論の基礎を創設した英国の統計学者カール・ピアソン（1857-1936）は，「統計学は『科学の文法（the grammar of science）』である」といった。専門家といわれる人たちが，伝統的な手法や手続によって実施している意思決定は，統計技術を用いることにより，科学的な分析へと一歩，進化させることができる。そのような意味で，統計技術は，専門家と呼ばれる人たちにとっては，とりわけ重要なビジネススキルであるといえよう。

1.4　統計学とは何か

統計学とは，「『現象の法則性』とその『変化』に対する人間のあくなき探求の結果として成立した科学体系である」，と定義できる。

そのため，統計学とは単独の学問として成立したのではなく，多くの科学体系のなかで生まれた「現象の法則性」を探求した結果が，一つの学問体系として独立したものである。

これまでに，そのときどきの社会的要請に応じて種々の統計学の理論が誕生した。農業が経済社会のなかでもっとも重要な産業であったときには，農業統計学という分野が確立された。金融が重要な産業として成長していくなかでは，金融市場から得られる統計データの特性を踏まえて統計技術が発達した。その他，医療統計学や心理統計学など，様々な分野で独立した成果として進化するなかで，それを一つの理論体系として「統計学」として体系化されてきたという歴史を持つ。

そのような意味で，経済市場を読み解くためには，またはビジネスで統計技

術を活用しようとしたときには，膨大な近代統計学の全容を学習する必要はない。

ビジネスパーソンが日常業務のなかで統計学の学習をしようとしたときに，目的が明確であるにもかかわらず，それに一致する理論体系や事例に到達できなかったことにより，学習を中止してしまう人も多かったのではないだろうか。本書は，そのような一度は統計学の学習をあきらめてしまった人に対して，ビジネスパーソンとして最低限必要と思われる統計学の基礎を，できる限りわかりやすく解説することを目的とした。

そのため，すでに統計分析を不動産評価実務で活用されている人にとっては，物足りなさを感じられることであろう。その場合には，清水千弘(2004)『不動産市場分析』[16]，清水千弘・唐渡広志(2007)『不動産市場の計量経済分析』[17]をご覧いただきたい[*4]。

ここでは，その本に至るまでの統計学の基礎を，中学レベルの数学知識から出発して学習していくことを目的としている。

[*4] 空間計量経済学などの最先端の統計解析技術を学習したい人は，清水千弘・唐渡広志(2007)『不動産市場の計量経済分析』[17]をご覧いただきたい。

第2章

統計分析とデータ

2.1　市場分析とデータ

　統計学は,「科学の文法(the grammar of science)」と呼ばれるように, 自然科学, 社会科学, 人文科学といった, 科学分野すべてにおいて利用される。それぞれの分野において, その固有の研究対象を分析するために必要に応じて発展してきたものの総称が「統計学」として発展してきたことを考えれば, その固有の対象に応じて学習すべき領域が限定されてくるのは自然なことである。つまり, 統計学の全容を学習することを目的とするのではなく, 必要性に応じて, その必要な統計学の領域を集中して学習した方が効率的であることはいうまでもない。

　それでは, ビジネスパーソン, または社会科学分野で研究するものは, 統計学の中でもどのような分野を学習していけばいいのであろうか。

　ここで,「ビジネスパーソン」を定義しておこう。ここで想定するビジネスパーソンとは, 営業職, または, 新規事業を立ち上げることを命じられた企画部門で働く者としよう。これらの人たちは, 広い意味でマーケティングをしている。つまり, 彼らは市場を注意深く眺めることが必要となる。また, ビジネスは会社のなかだけで行われているわけではない。家庭のなかでも, 住宅を購入したり, 株式に投資をしたりする際には, 市場をしっかりと眺めることとなる。また, スーパーでの買い物においても, つねに数字を見ながら判断していくこととなる。

●住宅価格の相場　　ここで, 人生最大の買い物といわれる住宅を購入するケースを考えてみよう。私たちが住宅を購入しようとした場合には, インターネ

ットや住宅情報誌を通じて物件価格に関する情報を収集し,「だいたいこの条件ならこのくらいの値段」という相場観を形成させていく.そして,いくつかのデータを眺めながら,東京都心部で家を購入しようとした場合には,

・東京都心部の住宅価格は,平均で8,000万円である.
・住宅価格の動向を見ると,来月にはもっと価格が下がるであろう.

などといった思考を繰り返しながら,住宅選択を行っていくであろう.

この二つの表現を注意深く見てみよう.前者は,たまたま入手できたデータの範囲内の代表性(平均値),規則性を述べているだけに過ぎないが,後者は,観測されたデータの範囲を超えて,そのデータの背後にありそのデータを発生させたものが持つ規則性にも言及している.つまり,後者の文には,データから読み解くことができる推測が含まれている.

統計学では,前者を記述統計と呼び,後者を推測統計と呼んでいる.つまり,前者は,データを記述しているに過ぎないのに対して,後者は数理科学分野で「確率論」として発達した理論が加わることで,記述統計の範囲ではわからなかった世界への適用へと発展している.

●**母集団と標本**　このような分類は,母集団(population)と標本(sample)との関係とも密接に関係する.

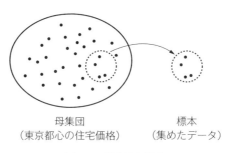

母集団
(東京都心の住宅価格)
　　　　標本
(集めたデータ)

図 2.1　母集団と標本

先の住宅の価格について考えてみよう.ある住宅を購入しようと考えている主体が,たまたまインターネットで集めてきた100件のデータを見て,「東京都心部の住宅価格は,平均で8,000万円である」ということを知った.しかし,直観的にも理解できるであろうが,たまたま集まってきたデータだけで,東京

都心部の住宅価格を推測することには無理がある。つまり，たまたま集めることができたデータは「標本」でしか過ぎず，この主体が知りたい東京都心部の住宅市場という「母集団」を完全に表すことはできていない。逆説的にいえば，標本に基づいて母集団の性質を推測しようとしているのである。

市場を分析しようとしている主体は，研究者においても，母集団中の個体に関するすべての情報を知りたいとは思っていない。すべての情報を知ろうとすれば，莫大な費用と時間が必要となる。そして，多くの場合において，そのような費用や時間を犠牲にしてまで知りたいと思うことは少ない。つまり，この住宅選択のケースでは，東京都心の住宅価格の相場として知りたいのは，平均が8,010万円か，8,020万円かといった違いを知りたいわけではなく，8,000万くらいなのか9,000万円くらいなのかといったレベルで相場観の形成ができればいいだけである。

そうすると，多くの場合で，母集団の中から比較的小さく選ばれてきた標本を分析することを考える方が自然であろう。そして，経済市場と向き合っていくということを考えた場合には，集めることができたデータを記述し，そして，その背後にある母集団を推測していくということが求められているといっていいであろう。

そこで，以降では統計学を「記述統計」と「推測統計」という二つの分野に分けて学習していく。要約すれば，記述統計では，標本の代表性やばらつきなどを記述するための方法を学び，推計統計は，標本を通じて大きな母集団に関して推定していくことを学ぶ。

2.2 誤差の構造を知る

経済市場を分析しようとしたときには，データを眺めることからはじめる。

データを眺める際には，その統計がどのように作成されているのかといったことを知ることが重要である。統計調査の中には，国勢調査のように，全数(母集団)を網羅的に調査されているものもあれば，市場の一部(標本)を調査することで全体(母集団)を推測しようとしている調査もあれば，たまたま集まってきたデータを集計・公表しているだけのものもある。

とりわけ民間企業が作成しているもののデータは、たまたま集まってきたデータで統計量を計算されているものも少なくない。たとえば、新聞報道などでしばしば引用される、オフィスビルの空室率や住宅価格の動向を示す価格指数などは、その代表的なデータであろう。

その場合、収集された標本が母集団を完全に代表することはなく、推論されたデータであるために「誤差」の存在を前提しなければならない。「誤差」の問題は、母集団の特性をより正確に知ることができる代表的標本をどのようにして得ることができるのかといった問題とも密接に関係してくる。この問題は、「社会調査」の中心的な課題であるとともに統計学の一分野を形成しており、そこでは母集団と標本の確率的関係を理解することが要求される。

以下では、誤差の問題を整理する。

2.2.1 測定誤差

統計データを入手した場合、分析者は、まずそこで収集された情報の質、具体的には正確度(accuracy)・精度(precision)を認識しておくことが重要となる。それは、統計情報には「真の値」は存在せず、必ず誤差(error)またはバイアス(bias、偏り)が存在するということを暗黙の裡に前提としている。

この問題は、特に実験統計学の世界では重要な問題の一つとして取り扱われており、「誤差論」として、一つの分野を築いてきた[*1]。

誤差とは、真の値(x_0)と観測値・測定値(x)との差であり、バイアスとは、系統的な誤差の存在と定義できる。その場合、誤差(Δx)は、$\Delta x = x - x_0$ となる。

●**偶然誤差と系統誤差**　　誤差が発生する理由としては、データの作成者に悪意がない限りにおいては、測定のたびにランダムに発生する誤差と一定の比率で発生する誤差とに大別され、前者を**偶発(偶然)誤差**(accident error)、後者を**系統誤差**(systematic error)と呼ぶ。この系統的な誤差が、いわゆるバイアスとなる。

このような誤差を少なくするためには、測定器の発達と、それを操作する技

[*1] 誤差論は、19世紀はじめにドイツの数学者ガウス(1777-1855)によってはじめられ、これが端緒となって数理統計学がはじまったといわれている。主要な参考文献としては、吉澤(1989)[27]がある。

2.2 誤差の構造を知る

術の向上が求められる。また，偶発的な誤差を小さくし精度をよくするためには，実験(測定)回数を増やすことで対処することもできる。

●**最寄り駅までの距離**　ここで，インターネットや住宅情報誌に記載されている住宅の広告のなかの「最寄り駅までの距離」という指標について考えてみよう。この場合は，情報の作成者におけるモラルの問題が残るが(広告主には，実際よりも小さく見せたいという意向が働くが)，測定者に悪意はないものと想定した場合には，調査法的には測定器および周辺情報の精度と測定技術の問題として扱われる。

住宅広告の場合においては，一般的に1分＝80mとして計算することが決められている。それでは，その80mという距離はどのように計測されているのであろうか。かつては，測定者の一歩あたりを例えば70cmとしたときに，その住宅から最寄り駅まで何歩であったのかを測定することといったこともなされていた。また，紙の地図上でキルピメーターという測定器を使って測定されたりすることもあった。キルピメーターとは，地図上に沿ってコンパスのような測定器道路上をなぞっていくことで，その縮尺に応じて距離を測定するものであった。しかし，近年においては，電子地図上で測定されることが一般的であろう。

そうすると，誤差は測定器である一歩あたりの歩幅やキルピメーターの測定機器としての精度とともに，地図情報の精度，およびそれを操作する主体の技術に依存することがわかる。

これが，電子地図の場合でも，測定器となる電子地図上での距離計算のプログラムとともにそこに掲載する電子地図情報の精度，具体的には縮尺，道路交通ネットワーク情報などの正確さによって変化してくるであろう。ここで重要になってくるのが，「繰り返し測定」をした場合の「ぶれ」である。

歩幅やキルピメーターでは，同じ測定をn回繰り返した場合，測定値として$(x_1, x_2, \ldots, x_n)$を得る。その場合，ある程度のばらつきが存在するため，平均値($\bar{x}$)として比較する。そこでは，各測定値のばらつきは，各測定値と平均値との差$x_i - \bar{x}$として観察され，それを**残差**(residual)と呼ぶ(残差は第8章で予測値と実測値の差としても導入される)。この場合には，偶発誤差と系統誤差が入り混じった形で存在している。偶発誤差とは，前述のように，その

対象を調査しているときに，その一回ごとの調査の個別性によってランダムに発生する誤差であり，系統誤差とは，その調査方法によって共通に発生する誤差である．

一方，電子地図を使った場合には，$(x_1, x_2, x_3, \ldots, x_n)$ のばらつきが小さいであろう(ほぼ存在しない)．つまり，電子地図における測定値には，偶発誤差はなく，系統誤差だけが残る．そのような意味では，「最寄り駅までの距離」の測定には，電子地図などの発達によって偶然誤差を排除することができたといった意味でその意義は大きい．しかし，依然として系統誤差は残ることに注意が必要である．

●**直接測定と間接測定**　続いて，測定についてより詳細に考えてみよう．以上の問題は，測定器を利用して直接に対象を測定する場合，つまり**直接測定**(direct measurement)の問題として扱った．しかし，測定したい対象の法則性がわかれば，その法則性と違う種類のデータから間接的に測定することも考えられる．これを**間接測定**(indirect measurement)という．たとえば，「道路交通騒音」の測定について考えてみよう．このような対象を測定する場合には，直接測定では，騒音計を現地に運び，一定の条件下で直接的に測定する．しかし，道路交通騒音の発生源は「道路交通量」に依存し，音の伝播が建物など阻害物により影響を受けているという法則性が明らかな場合には，その両指標から予測する(間接測定する)ことが可能となる[*2]．

この場合には，測定の労力と測定誤差の分布によって，測定方法を選択することになる．直接測定の場合には，近くでたまたま工事などが行われていたり，事故渋滞などが起こっていたりする偶発的な測定誤差が予想される．一方，間接測定の場合には，モデルの誤差とともに，そのモデル構築に必要とされる「道路交通量」などのデータ測定誤差の問題がある．

2.2.2 調査誤差

以上は，データ作成をすることを前提とした誤差の問題として扱った．た

[*2] 道路交通騒音を予測する方法としては，ASJ-Model1998 がある．詳細は，日本音響学会道路交通騒音調査研究委員会(1999)[11] を参照されたい．また，それを使った分析は，清水(2004)[16] 第8章を参照されたい．

だ，私たちが市場分析を行う場合には，すでに作成されているデータを用いることのほうが多い．たとえば，物価変動を示す消費者物価指数であったり，経済活動の大きさを示す国民経済計算（GDPなど）であったり，地域単位の借家率や住宅着工戸数，住宅市場のマクロ的な動向を示す住宅価格指数などが該当する．

このようなデータを用いて分析を行う場合には，その情報の誤差を知っておくことが重要となる．たとえば，多くの国の消費者物価指数は，ラスパイレス法（4.1節）と呼ばれる方法で集計されている．このような手法の場合には，物価の上昇局面では上方にバイアスが発生することが知られている．住宅着工統計においても，建築許可の件数であることから，実際に建築されているとは限らないために過大推計となっている．このような誤差は，**集計誤差**とも呼ばれ，情報の集計方法・加工方法に基づき発生するものである．

●**標本誤差と非標本誤差**　また，アンケートを通じて情報を収集することも行われている．近年では，Web調査が可能となったことから，多くの調査が容易にできるようになった．それでは，このような調査をそのまま信じていいのであろうか．アンケート調査に伴う誤差は，大きく分けて**標本誤差**（sampling error）と**非標本誤差**（non-sampling error）に大別される．標本誤差とは，標本抽出に伴う誤差であり，その抽出方法によって傾向が異なる．非標本誤差とは，抽出方法などに依存しない誤差であり，広義の調査設計上の問題として生じる場合が多い．

●**有意抽出法と無作為抽出法**　標本抽出においては，すべての対象に調査を実施することは困難であることから，できるだけよく母集団を代表する標本を抽出することを考えなければならない．抽出法は，**有意抽出法**（purposive sampling）と**無作為抽出法**（random sampling）に大別される[*3]．調査する人間の意志により標本を選ぶ有意抽出法に対して，調査主体の特定の意志とは独立にランダムに標本を抽出するのが無作為抽出法である．

有意抽出法は，調査する人間の意志によりバイアスが発生する一方で，事前

[*3] Imai, Shimizu and Watanabe（2012）[5]では，消費者物価指数を作成する場合において，日本で採用されている有意抽出法と米国で採用されている無作為抽出法とで，どの程度の差が生まれてくるのかを明らかにしている．

に情報量が少ないとわかっているときに，調査の必要がないという判断ができる対象には調査を行わないことで，調査の効率化を図ることができる。ただし，その調査の精度を確認することは困難である。

　無作為抽出法は，データのバイアスが回避され，精度の評価を統計理論により確認することが可能となる。無作為抽出の方法には，単純無作為抽出・層別多段抽出などがあるが，「住宅・土地統計調査」など主要な統計調査が，層別多段抽出に基づき調査設計が行われている(標本抽出に関する詳細は，鈴木・高橋(1998)[21]を参照されたい)。

　よい標本を得るためには，やはり，無作為標本抽出を行う必要がある。無作為標本抽出においては，かつては乱数表と呼ばれるものを使って抽出するということが行われていた。しかし，近年においては，たとえば10万件の中から500の標本を抽出しようとした場合には，10万件に対してコンピューターを使って乱数を発生させて，乱数の値が小さい順に500の標本を抽出すれば，偏りのない標本を抽出することが可能である。

●誤差の具体例　　ここでもう一度，住宅購入を考えている人が住宅価格の相場を調べるケースを考えてみよう。

　その人がインターネットからたまたま100件のデータを集めてきてその相場形成をしたとすると，その100件の選び方とそのデータの性質に関する誤差が存在する。加えて，インターネットで集めることができるデータは，売り手が売りたいと思っている売り希望価格であり，実際に取引がなされた価格ではない。その価格で売れる保証はなく，売れなければその価格を引き下げていくであろう。

　そこで，近年においては，不動産取引価格情報が国土交通省から公表されるようになった(http://tochi.mlit.go.jp/kakaku/torihikikakaku-info を参照してほしい)。

　このデータは，不動産を売買した主体すべてに対してアンケート票を発送し，その取引価格を調査している。その意味では，標本誤差はないことになる。

　しかし，このアンケートによって収集されてきたデータには，非標本誤差としては，回答者のバイアスの問題や回答精度の問題がある。

　「回答者のバイアスの問題」とは，特定の層からの回答が集中する，または

特定の層からの回答が得られない問題である。たとえば，商業地に関する回答が著しく低かったり，丸の内などの特定のエリアでの回答が得られなかったりするといった問題である。Web調査も同様の問題に直面している。Webアンケートに回答する主体がそうでない主体と比較して，偏りがあるとすれば，そのアンケートからは限定的な情報しか得ることができないのである。

2.3 統計データの分類

ある標本をとった場合，その標本が持つ属性がどのようなもので構成されているのかといったことはきわめて重要である。たとえば住宅を例に挙げれば，価格であったり，地域であったり，最寄り駅までの距離であったり，スーパーマーケットやコンビニ，病院や学校などへの距離であったり，様々な属性によって構成されている。標本ごとに異なるこのような特性は，「変量特性」または「変量」とよばれる。

そうすると，収集されてきた標本をどのように評価すべきかといった問題に直面する。具体的には，データの尺度やデータの記録される時間単位などである。

2.3.1 データの尺度

調査・測定等によって得られたデータは，一般に原データ(raw data)，もしくは単にデータ(data)と呼ばれる。そのデータを読みとるときには，どのような尺度(scale)によって測定されているのかにより，分析の幅が異なってくることになる。尺度基準としては，次の4つに大別される。

・名義尺度(nominal scale)
・順序尺度(ordinal scale)
・間隔尺度(interval scale)
・比率尺度(ratio scale)

である。

まず，名義尺度とは，測定値が所属するカテゴリーのみを示すものであり，例えば「地域名(地域コード)」などが該当する。順序尺度とは，序数としての

意味を持つものであり順序だけが意味を持つものである(順序間の間隔に意味はない)。たとえば，地価上昇率ランキングなどがそれにあたる。これらのデータをまとめて，**質的**データ(qualitative data)とよぶ。

続いて，間隔データとは，測定値の差が意味を持つものであり，比率尺度とは観測値の差とともに比率も意味を持つデータを意味する。これらのデータを総称し**量的**データ(quantative data)と呼ぶ。

2.3.2 時系列データとクロスセクション・データ

市場を観察する際には，5年前と比較して現在の状態がどのようになっているのかといった時間軸上の比較と，同一時点で異なる主体を比較する横断面的な比較がある。

前者のように，異なった時間軸で連続的に比較するデータを**時系列データ**(time series data)と呼ぶ。一方，異なった主体について観測されたデータを**クロスセクション・データ**(cross-section data)と呼ぶ。

また，近年では，クロスセクション・データを時系列方向に集積して分析が行われることがある。このようなデータセットを**パネル・データ**(panel data)と呼ぶ。

このような分類以外にも，次元という区分がある。ある一つの個体に対して，一つの情報しか得られない場合は1次元データと呼び，二つの情報が得られる場合には2次元データといわれる。具体的には，住宅ごとに「住宅価格」だけしか得られない場合が1次元データであり，「住宅価格」と「最寄り駅までの距離」が得られる場合は2次元データとなり，さらに「建築後の経過年数」が得られる場合には3次元データとなる。

このように得られてきたデータによって分析できる可能性も大きく変化してくる。1次元のデータしかない場合には，平均値を計算したり，ヒストグラムなどを作ったりしてそのデータの特性を眺めるだけとなるが，二次元以上のデータが集まってきたときには，散布図を作ったり相関係数を計算したりと二つ以上の関係を分析することが可能となる。

地域名といった名義尺度が得られた場合には，地域ごとの分析もできるし，時間がわかれば時間的な推移も観察ができるようになる。

つまり，多くの場合で，統計分析は統計データに依存する。どんなにすばらしい統計分析技術があったとしても，データがなければ何もできないのである。

2.4 統計分析の限界

統計分析を行う場合には，良質なデータをどのように収集・作成するのかといった問題はきわめて重要である。しかし，多くの場合で情報収集において限界が存在することが多い。そのために，研究論文においてでさえも，たまたま集まってきたデータを用いて，そのデータの特性に十分に配慮されることなく，統計分析を行っているものも少なくない。

「garbage in garbage out（ガーベッジイン・ガーベッジアウト：ガラクタからはガラクタしか出てこない）」といわれるように，どんなに最先端かつ高度な統計技術を駆使したとしても，収集されてきたデータがガラクタであった場合には，その結果はガラクタなのである。

それでは，多くの社会科学系の研究や一般のビジネス社会で得られるデータに限界がある場合には，どうしたらいいのであろうか。そうした場合に必要になってくるが，その誤差の特性を十分に理解したうえで，統計的な分析を進めていくことである。

データの発生・生成過程，標本の特性や誤差の構造を十分に理解したうえで，その問題を踏まえて分析結果を解釈していくしかない。

加えて，統計分析を行うためには，複数のデータベースからデータを追加したり，加工したりすることを行うことが多いために，高いデータの加工技術も要求される。また，アンケート調査などを行い，情報収集を行うことも多いことから，社会調査法への精通も求められる。

統計分析を実施するということは，単なる統計分析技術を習得するといったことだけではなく，データへの精通やデータ加工のためのデータベース・プログラミング技術の習得，統計ソフトウェアの操作など，様々な技術を習得していかなければならない。

しかし，データと固有の市場を「正確に見つめる目」が何よりも大切なのである。

第3章

経済市場の変動を捉える1
——算術平均・幾何平均・中央値

　経済社会では，日々，様々な経済指標に触れることとなる。今日の日経平均株価はいくらか，TOPIX（東証株価指数）は前日と比較して，どの程度変化したのか，今月の自社の売り上げは前月比でいくら上昇または下落したのかといったことは，日常的な会話の中でも取り上げられていることであろう。

　そのような統計情報は信じてよいのであろうか。どの程度の誤差が存在するのであろうか。このような問題を考えるためには，統計学の基礎的知識を持つことが必要である。

　私たちが日常のビジネスの現場で目にすることができる統計は，政府が公表している公的統計と民間企業などが公開している統計などが入り交じっている。その統計の作られ方には，様々な手法が古くから提案されてきているが，とりわけ民間企業が公表している統計においては，統計加工知識の欠如から誤った作られ方をしているものも少なくない。また，公的統計においても，国際機関などのガイドラインに基づき作成されているが，統計を作成するための基礎データの制約や計算方法などによって，必ずしも理想的な統計が作成されているわけではない。そうすると，日常生活のなかで統計を扱うものとしては，それぞれの統計が持つバイアスや誤差を認識しておく必要がある。

　また，経済市場を分析するものは，データを加工する際には，求める統計量の性質をよく理解した上で作成していかなければならない。

　たとえば，新聞報道で，「国土交通省が発表した平成25年の公示地価（1平方メートルあたり）によると，愛媛県は全用途平均でマイナス2.9％で，平成5年以降21年連続の下落。一方，高知県では，南海トラフ巨大地震で津波被害が想定される沿岸部で地価の下落が目立つなど，住宅地，商業地ともに全国一の下落率となった」という報道がなされた。この計算は正しいと考えてよいの

であろうか。本当に高知県が地価下落率で全国一なのであろうか。調査されているポイントのサンプリングや計算方法などに問題はないのか。もしそのいずれか、または両方に問題があるとすれば、市場参加者は間違った情報によって、それぞれの行動を変化させてしまう可能性がある。

本章では、データ加工技術、つまり経済市場の動向を読み解くための統計技術の基礎、具体的には平均値・中央値といった代表値について学習する。

3.1 市場の代表性を表す統計量

3.1.1 算術平均

統計分析において、もっとも基礎的な分析は、収集されたデータの代表値やばらつきから、その特性をつかむことである。平均値をはじめとする代表値や分散・標準偏差などのばらつきを表す統計量を、要約統計量または記述統計量という。以下、要約統計量のなかでも代表制を表す統計量（これを一時モーメントの統計量と呼ばれるが）について整理する。

分析用データを収集してきたのちに、一般にはその全体像をつかみたいと考える。つまり、データを要約して観察することからはじめる。要約統計量の最も代表的なものが、平均値などの代表値である。代表値には、一般に平均値と呼ばれている算術平均以外に、幾何平均、調和平均があり、さらに中央値、最頻値がある。以下に、算術平均、中央値、最頻値、幾何平均の順で説明する。

平均は、考え方としてはもっとも直感的に理解しやすく、もっとも頻繁に利用されている。

たとえば、表 3.1 のように、A 駅周辺の五つの地点における地価 $x_1 \sim x_5$ の情報を入手することができたとしよう。

表 3.1 五つの価格

x_i		P_i
x_1	価格 1	508,000
x_2	価格 2	480,000
x_3	価格 3	495,000
x_4	価格 4	512,000
x_5	価格 5	1,522,000

このようなデータが与えられると，まず，A駅周辺の地価の水準を知ろうとしたときに，平均値を求めようとする。ここで，平均値を m_a と表すこととする。このような場合に求められる平均値は，**算術平均**(arithmetic mean)と呼び，次のような式で求めることができる。

$$m_a = \frac{1}{n}\sum_{i=1}^{n}x_i \tag{3.1}$$

●**Σの意味** 数式は，統計学を学ぶ際に頻繁に出てくるが，一つの言語として覚えていく必要がある。通常の文章で伝えるよりも，簡単かつ正確に表現しようとすると，数式で書いた方が良いことも少なくない。たとえば，この式 (3.1) であれば，Σ(シグマと読む)という総和を表す数式が出てくる。これは，$\sum_{i=1}^{m}x_i$ と表記されている場合には，「その後ろにあるデータ x_i について，$i=1$ から n まですべて足しなさい」ということを意味する。つまり，表3.1 とすれば，x_i は x_1 から x_5 まで5つのデータがある。これは，P_i 欄に記載されており，508,000, 480,000, ..., 1,522,000 円という数字が該当する。そうすると，

$$\sum_{i=1}^{n}x_i = 508,000 + 480,000 + 495,000 + 512,000 + 1,522,000 = 3,517,000$$

ということになる。

●**算術平均の求め方と外れ値** さらに，平均値 m_a を求めようとすれば，$\frac{1}{n}\sum_{i=1}^{m}x_i$ であるから，$\sum_{i=1}^{m}x_i = 3,517,000$ に，$1/n$ をかける，つまり n で割ることとなる。ここで，n は，x_1 から x_5 なので，5個のデータである。つまり，$n=5$ となる。そうすると，平均値は，$3,517,000 \div 5$ で，703,400 円/m^2 として求めることができる。

さて，ここで計算された平均値の数字を見てみよう。データをもう一度確認すると総じて50万円程度であるものの，価格5が150万円強と，他の地点と比較して著しく高い値があるため，70万円と上方にシフトした値で計算されている。この価格5の水準が，特別な事情があり本当にその値を示していたのか，データの入力ミスであったのかはわからない場合は(よく見受けられるミスだが，522,000円のところを誤って1,522,000円と入力することがある)，そのデータを**外れ値**(outlier)として除いたうえで，平均値を求めなければならない。そうすると，平均値は，$(508,000 + 480,000 + 495,000 + 512,000) \div 4$

= 498,750 として求められるのである。

ただし，自分の都合が良いデータだけを選択して，平均値を求めてしまうことには多くの批判がある。統計分析を行う場合には，できる限り分析者は恣意性を排除しなければならない。実際の分析においては，そのような経験則と恣意性の排除といった両者の間で悩むことは少なくない。

3.1.2 中央値

以上見てきたように，平均値は，直感的な理解のしやすさはあるが，外れ値や分布形状に影響を受けるため制約が強い指標である。そのため，これらの影響を除去しようとした場合には，前述のように外れ値を除いた上で平均値を計算するか，あるいは中央値(median)と呼ばれる統計量を利用する場合がある。

中央値(x_m)とは，収集されたデータ群($x_1, x_2, x_3, \ldots , x_{n-1}, x_n$)を相対的な大きさ順に並べた順序統計量($x_{(1)}, x_{(2)}, x_{(3)}, \ldots , x_{(n-1)}, x_{(n)}$)の中央にくる値を意味する。つまり，

$$x_m = x_{(n+1)/2} \tag{3.2}$$

となる。しかし，n が奇数であれば，中央にくる値を求めることができるが，偶数の場合には順序が中央にくる値は存在しない。そうすると，n が偶数の場合には

$$x_m = \frac{x_{(n/2)} + x_{(n/2+1)}}{2} \tag{3.3}$$

として計算することとなる。

表 3.2 を用いて中央値を求めると，価格の低い順に並べ替えて順序統計量とし，$n=5$ と奇数であるため，$(5+1)/2=3$ となる。そのため，中央値は x_3 であり，508,000 円と求めることができる。

仮に，表 3.3 のように，$n=6$ と偶数であった場合には，$\frac{x_{(n/2)} + x_{(n/2+1)}}{2}$ となる。$n=6$ であるから，$x_{(n/2)}$ は，$x_{(3)} = 508{,}000$，$x_{(n/2+1)}$ は，$x_{(4)} = 512{,}000$ となり，$(508{,}000 + 512{,}000)/2$ から 510,000 円となる。

それでは，ビジネスの現場では，平均値と中央値のどちらの方を利用するのが好ましいのであろうか。もちろん，両方の統計量を計算し，報告書などには両方の数値を記載する方がよい。また，分析しているデータが十分な数がある

表 3.2 中央値の計算(奇数の場合)

	x_i		P_i
$x_{(1)}$	x_2	価格2	480,000
$x_{(2)}$	x_3	価格3	495,000
$x_{(3)}$	x_1	価格1	508,000
$x_{(4)}$	x_4	価格4	512,000
$x_{(5)}$	x_5	価格5	1,522,000

表 3.3 中央値の計算(偶数の場合)

	x_i		P_i
$x_{(1)}$	x_2	価格2	480,000
$x_{(2)}$	x_3	価格3	495,000
$x_{(3)}$	x_1	価格1	508,000
$x_{(4)}$	x_4	価格4	512,000
$x_{(5)}$	x_5	価格5	520,000
$x_{(6)}$	x_6	価格6	1,522,000

場合には,外れ値が存在していたとしても,平均値はその影響を受ける度合いは小さくなる。一つの統計量が持つ情報量としては,平均値の方が多い。その意味では,統計量として平均値が持つ重要性は中央値よりもはるかに大きい。それは,後に学習する,ばらつきを表す統計量(分散・標準偏差)や相関係数,回帰係数などを学習していくなかで理解できるであろう。いずれの場合でも,外れ値の存在を事前に見ておく必要があることだけには注意していく必要がある。

3.1.3 最頻値

平均値や中央値と合わせて,最頻値(mode)と呼ばれる統計量がある。最頻値とは,度数分布表における最大度数を持つ階級値である。そのため,データの集中が高い階級の代表値となるものの,階級幅のとり方によって変化してしまうため利用には注意が必要である。また,分布の峰が一つでない場合(多峰性)には一意的には決まらないため,多重モードとなり求められない場合がある)。度数分布表や分布の形については,次章以降に学習する。

3.2 市場の変動を捕捉する:幾何平均

経済市場を分析する際には,市場の状態がどのように変化するのかを分析することは少なくない。むしろ,ビジネスの現場はつねに動いているために,各数値の変化を適切に捕捉したいと考える。また,将来の予測値が出てきたときに,1年間平均でどの程度の変化していくのかといった情報はきわめて重要になる。それでは,このような市場の平均的な変動率はどのように計算したらい

3.2 市場の変動を捕捉する：幾何平均

いのであろうか。市場の変動を表す数値は，指数としてある時点を起点として表現されることが多い。表 3.4 には，五つの時点の六つの財の価格の変化を表したものである。

表 3.4 価格の変動率

	p_1	p_2	p_3	p_4	p_5	p_6	p_{5t}/p_{5t-1}
t_1	1.0	1.0	1.0	1.0	1.0	1.0	
t_2	1.2	3.0	1.3	0.7	1.4	0.8	1.400
t_3	1.0	1.0	1.5	0.5	1.7	0.6	1.214
t_4	0.8	0.5	1.6	0.3	1.9	0.4	1.118
t_5	1.0	1.0	1.6	0.1	2.0	0.2	1.053

ここで，p_5 の価格の変化を考えてみよう。p_5 では，t_1 では 1 であったが，t_2 には 1.4 と上昇している。比率にすれば，40％上昇したこととなる。さらに，t_2 から t_3 にかけては 1.214 と 21.4％の上昇，t_2 から t_3 にかけては 1.118 と 11.8％の上昇，t_4 から t_5 にかけては 1.053 と 5.3％の上昇が観察されている。この 5 年間の平均価格変動率はいくつであろうか。

式 (3.1) に基づき算術平均として計算すると，$(1.400 + 1.214 + 1.118 + 1.053) \div 4 = 1.196$ と年間平均変動率は 19.6％となる。ここで，t_1 から順番に年率 19.6％ずつをかけていく。そうすると t_5 では 2.047 となり，2.0 から乖離してしまう。

このような平均変動率の計算は，次のように考えないといけない。$p_{5t_5} = p_{5t_1}(1+r_1)(1+r_2)(1+r_3)(1+r_4)$ となるために，平均変動率 $\bar{r}$ は $p_{5t_5} = p_{5t_1}(1+\bar{r})^4$ としたときの $\bar{r}$ を求めることとなる。そうすると，$\sqrt[4]{1.400 \times 1.214 \times 1.118 \times 1.053}$ として 1.189 となり，平均変動率は $(1.189 - 1)$ で 0.189，つまり 18.9％となる。算術平均の 19.6％とここで求められた 18.9％ではそれほど大きな差ではないように見えるが，場合によっては大きな違いを生むことがあるため注意が必要である。

このように求められる平均値は，**幾何平均**（geometric mean）と呼ばれ，式 (3.4) のように表される。

$$m_g = \sqrt[n]{\prod_{i=1}^{n} x_i} \tag{3.4}$$

●Ⅱの意味　Σが和の記号であったのに対し，Π（パイ）は積（かけ算）の記号である。$\Pi_{i=1}^{n} x_i$ と表記されている場合には，「その後ろにあるデータ x_i について $i=1$ から n まですべてかけ合わせなさい」ということを意味する。

3.3　残された問題：市場の代表性

　本章では，経済市場を観察するための基礎的知識としての平均値（算術平均），中央値，最頻値，幾何平均について学習した。しかし，経済市場全体を捉えるためには，さらにいくつかの統計的な知識を習得していかなければならない。たとえば，「高知県が，住宅地，商業地ともに全国一の下落率となった」と報道された根拠となる基礎的な計算は，単純に複数の地点間の単純な算術平均として計算された結果である。このような市場全体の代表性を計算する方法として，単純な算術平均でいいのであろうか。

　市場の代表性を表現する方法としては，一般的には価格指数として計算される。その計算には多くの方法が提案されており，算術平均として計算される方法や幾何平均として計算される方法など様々である。

　また，市場全体の動向を捕捉しようとしたときには，多くの場合で価格情報だけでなく，数量に関する情報を同時に用いることとなる。または数量以外にもある比重をかけて市場全体の代表性を求めることの方が一般的である。また，ウェイトをかけない場合でも，算術平均として計算した場合と幾何平均として計算した場合では，異なる結果が求められることは本章からも明らかである。

　次章においては，このような集計問題を中心に解説したい。

第 4 章

経済市場の変動を捉える 2
—— 記述統計と経済指数の考え方

　物価指数などの経済指数は，経済政策・金融政策を立案する政策当局だけでなく，家計の消費行動にも影響をもたらす。また，単に経済主体の意思決定に影響をもたらすだけでなく，暗黙の内に，私たちの生活にリンクしていることは少なくない。

　たとえば，消費者物価の変動は，生活保護基準や年金の支給額などに密接にリンクしている。公示地価の変動は，固定資産税の課税評価額とリンクしていることから，私たちの固定資産税の納税額とリンクするだけでなく，金融機関などから融資を受ける際にも影響をもたらされる。

　そのため，消費者物価指数などの公的統計は，それを計測していく上での国際的な標準指針が整備されている。残念ながら，公示地価などの資産価格統計に対する指針が存在していなかったが，2012 年には住宅価格統計の指針が欧州統計委員会から公表されるとともに，商業不動産価格統計に関しても，2014 年には公開されることが予定されている。

　このような価格または物価に関する指針が示していることは，大きく二つの質問に対する答えを与えるものである。第一が，どのように一つ一つの価格を調査していくべきであるのかといった調査方法に関するものであり，第二が，その動向を平均していくためのもっとも適切な手法はどのような手法であるのかということである。

　そのようななかで，第 2 章ではサンプリングや調査方法に関する問題を扱うとともに，第 3 章では，データ加工技術のもっとも代表的な統計量である，平均値・中央値といった代表値について学習した。

　第 4 章においては，市場全体を観察していく上での指標の集計問題に注目する。指標の集計とは，市場全体の動向を観察するためには，どのような集計が

必要であり，前章に学習した算術平均と幾何平均では，どのような相違が出てくるのかを，実際の計算例を用いて学習する．以下，一連の記述において数式がいくつか出てきてしまう．入門編であるために数式なしで理解していくことも可能であるが，それレベルの統計知識では，ビジネスで活用することはできない．その記号の見方に関して解説していくので，丁寧に読み込んでいただければ幸いである．

4.1　市場変動を捕捉する

4.1.1　物価指数の考え方

　かつて，英国の統計学者エッジワース(1845-1926)が 1888 年に執筆した論文「Some new methods of measuring variation in general prices」(1888)で指摘したように，「ある集合の平均は何かと問われたときに，平均値を必要とする目的が何であるのかが与えられなければ，一般に求めることができない」と考えれば，価格を調査したり指数を作成しようとしたときに，その目的が何であるのかということが明確でなければ，そのあるべき姿を求めることはできない．また，エッジワースは，このように続けている．「価格の問題でも，論者の数だけ目的があるといっていいであろう．そのため，目的を誤解している人の間では多くの無駄な論争がある」と．

　近年において，様々な物価やその測定論に関しての論争が繰り広げられているが，その目的が明確でないなかでは無駄な論争であるといっていいであろう．たとえば，国民生活に密接に関係している不動産の価格統計である公示地価を巡っても，その調査方法などが議論されてきた．しかし，「何を測定したいのか」という目的が明確でないなかで，または，その調査に複数の目的が掲げられた段階で，その調査自身の存在意義は消滅してしまうことに気がつかなければならないのである．そのため，その調査方法を議論したり，その妥当性を巡って反論があったりしているが，それは，まったく無駄な論争といってもいいであろう．一つの目的に対して，一つの平均または調査方法のあり方が存在するということは，統計学または経済統計学の長い歴史のなかで与えてくれる重要な知見なのである．

●**価格と数量**　さて，二つの異なる時点間の価格の変化を捉えようとしたときには，基本的には同じ財やサービスの価格の変化を観察すればよい。そのためには，その財やサービスが市場で流通していることが前提となるが，価格が発生する背後にある市場の代表性をも観察していかなければならない。たとえば，消費者物価統計では，価格だけでなく，その取引が行われた数量も合わせて集計していくことが一般的である。

つまり，物価指数は，ある時点 0 から次の時点 1 までの物価の変化を測定するものであるが，この二つの状態のある商品の相対価格の変化の加重平均となる。ここで，「加重平均」という新しい言葉が出てくることとなる。このような言葉で説明すると少し難しく感じるかもしれないので，先に数式で表現しておこう。ここで，ある品目の経済価値の合計額を V とする。

$$V = \sum_{i=1}^{n} p_i q_i \tag{4.1}$$

ここで，p_i はある品目の価格であり，q_i は取引された品目の数量である。i は，経済価値を構成する n 個の財やサービスの第 i 番目の商品を意味している。以降，p_1 から p_n，q_1 から q_n を一つの変数で表すため，ベクトル $\boldsymbol{p}(=(p_1, p_2, \cdots, p_n))$ と $\boldsymbol{q}(=(q_1, q_2, \cdots, q_n))$ を導入する。また，$\sum$ は，前章も学習したが，連続和と呼ばれる記号であり，その後ろに来る $p_i q_i$，つまり「価格（$\boldsymbol{p}$）」×「数量（$\boldsymbol{q}$）」に関して，i が 1 番目から n 番目まですべて足しなさいということを意味している。

ここで価格の変化の起点となる基準時点を 0 とすると，次の時点，つまり時点 1 のときとの経済価値は，次のように表されることとなる。

$$V^0 = \sum_{i=1}^{n} p_i^0 q_i^0, \quad V^1 = \sum_{i=1}^{n} p_i^1 q_i^1 \tag{4.2}$$

ここで，V^0 と V^1 を比較すると，価格 $\boldsymbol{p}$ と数量 $\boldsymbol{q}$ のそれぞれで数字が 0 と 1 と異なっていることがわかる。

そうすると，物価指数は，次のように考えることができる。

$$V^1/V^0 = P(\boldsymbol{p}^0, \boldsymbol{p}^1, \boldsymbol{q}^0, \boldsymbol{q}^1) Q(\boldsymbol{p}^0, \boldsymbol{p}^1, \boldsymbol{q}^0, \boldsymbol{q}^1) \tag{4.3}$$

ここで，$P(\boldsymbol{p}^0, \boldsymbol{p}^1, \boldsymbol{q}^0, \boldsymbol{q}^1)$ は価格指数であり，$Q(\boldsymbol{p}^0, \boldsymbol{p}^1, \boldsymbol{q}^0, \boldsymbol{q}^1)$ が数量指数となる。単純に考えれば，ある財の価格が高くなればその取引量は減少し，安く

なれば取引量が増加することとなる。つまり，**物価指数**(consumer price index)というのは，**価格指標**(price indicator)と**数量指標**(quantity indicator)の合成によって計算される。経済学的には，一定の予算制約のなかで，同じ効用を得ることができる各財やサービスへの消費をするために支払わなければならない支出の合計の時間的な変化を見るものである。

このような現象が考えられるときに，価格だけまたは数量だけを見ていても，市場の適切な変化を読み取ることはできないのである(Fisher (1911, p. 418)[3])。

●ラスパイレス指数とパーシェ指数　　しかし，実際の価格指数の計算においては，データの制約から多くの工夫がなされている。たとえば，多くの国が採用しているラスパイレス価格法やパーシェが提案した手法などが代表的な手法として知られている。

ラスパイレス指数は，

$$P_L(\boldsymbol{p}^0, \boldsymbol{p}^1, \boldsymbol{q}^0, \boldsymbol{q}^1) = \frac{\sum_{i=1}^{n} p_i^1 q_i^0}{\sum_{i=1}^{n} p_i^0 q_i^0} \tag{4.4}$$

パーシェ指数は，

$$P_P(\boldsymbol{p}^0, \boldsymbol{p}^1, \boldsymbol{q}^1, \boldsymbol{q}^1) = \frac{\sum_{i=1}^{n} p_i^1 q_i^1}{\sum_{i=1}^{n} p_i^0 q_i^1} \tag{4.5}$$

と定義される。両者を注意深く見ていただくと，分子の数量の記号がラスパイレスは q_i^0 となっているのに対して，パーシェは q_i^1 となっている。ラスパイレス方式は，基準時点での数量を固定してしまいウェイトを決めているのに対して，パーシェはその数量はつねに変化していくと考えるものである。

このような推計式に関しては，フィッシャー指数，ウォルシュ指数，ロウ指数，ヤング指数，ディビジア指数など，様々な推計方法が提案されている。そのようななかで，最良指数など，当該分野では多くの研究蓄積がある。

4.1.2 記述統計：平均値

ここで，実際の数値例を用いて，価格指数を計算してみよう。

たとえば，表4.1のように6つの価格(p)の変化が，表4.2のように，それに対応した6つの数量(q)に関する変化が同時にわかったとしよう。

表4.1 価格データ

P	p_1	p_2	p_3	p_4	p_5	p_6
t_1	1.0	1.0	1.0	1.0	1.0	1.0
t_2	1.2	3.0	1.3	0.7	1.4	0.8
t_3	1.0	1.0	1.5	0.5	1.7	0.6
t_4	0.8	0.5	1.6	0.3	1.9	0.4
t_5	1.0	1.0	1.6	0.1	2.0	0.2

表4.2 数量データ

Q	q_1	q_2	q_3	q_4	q_5	q_6
t_1	1.0	1.0	2.0	1.0	4.5	0.5
t_2	0.8	0.9	1.9	1.3	4.7	0.6
t_3	1.0	1.1	1.8	3.0	5.0	0.8
t_4	1.2	1.2	1.9	6.0	5.6	1.3
t_5	0.9	1.2	2.0	12.0	6.5	2.5

このようなデータが与えられると，価格データと数量データがわかるため，ラスパイレス指数またはパーシェ指数ともに計算することができる。ここで，このデータをどのように集計していくのかということが問題となる。データの集計方法，つまり代表性を持つ統計量の計算方法としては，前章において算術平均と幾何平均に関する概念を学習した。ここで，復習として，表4.1を用いて，算術平均と幾何平均を計算してみよう。算術平均は，式(4.6)のように計算できることを学習した。

$$m_a = \frac{1}{n}\sum_{i=1}^{n} x_i \quad (4.6)$$

●カルリ指数とジュボン指数　　ここで，t_1時点での価格の算術平均値は，

$$(1.0+1.0+1.0+1.0+1.0+1.0) \div 6 = 1.0000$$

として求められる。t_2については，

$$(1.2+3.0+1.3+0.7+1.4+0.8) \div 6 = 1.4000$$

となる。t_3については，

$$(1.0+1.0+1.5+0.5+1.7+0.6) \div 6 = 1.0500$$

となる。t_4およびt_5についても同様に算術平均値を計算すると，それぞれ，0.9167，0.9833となる。

続いて，幾何平均として計算してみよう。幾何平均は，式(4.7)のように定義される。

$$m_g = \sqrt[n]{\prod_{i=1}^{n} x_i} \tag{4.7}$$

実際の数値で計算してみると，t_1 のデータで計算すると，
$$\sqrt[6]{1.0 \times 1.0 \times 1.0 \times 1.0 \times 1.0 \times 1.0} = 1.0000$$
として計算される。t_2 については，
$$\sqrt[6]{1.2 \times 3.0 \times 1.3 \times 0.7 \times 1.4 \times 0.8} = 1.2419$$
となる。t_3 については，
$$\sqrt[6]{1.0 \times 1.0 \times 1.5 \times 0.5 \times 1.7 \times 0.6} = 0.9563$$
となる。t_4 および t_5 についても同様に，幾何平均値を計算すると，それぞれ，0.7256，0.6325 となる。

表 4.3 に，それぞれの計算結果を比較した。

表 4.3 カルリ指数（算術平均）とジュボン指数（幾何平均）

	t_1	t_2	t_3	t_4	t_5
算術平均	1.0000	1.4000	1.0500	0.9167	0.9833
幾何平均	1.0000	1.2419	0.9563	0.7256	0.6325

実は，このように算術平均として価格を集計した指数はカルリ指数と呼ばれ，幾何平均として計算した指数はジュボン指数と呼ばれる。この結果から明らかなように，得られたデータを単純に集計するだけでも，算術平均と幾何平均で大きく結果が異なることがわかる。一つ一つの価格調査も重要であるが，どのように集計していくのかといったことによって結果が大きく異なるために，その集計方法の選択は統計を作成していく上できわめて大きな問題であることが理解できるであろう。

さらに，平均には，調和平均（harmonic mean）と呼ばれる計算方法がある。これは，パーシェ指数を計算する際に必要となる。

その実際の計算においては，調和平均として計算される。調和平均は，
$$m_h = \frac{1}{\frac{1}{n}\sum_{i=1}^{n}\frac{1}{x_i}} \tag{4.8}$$
として計算される。調和平均を用いることの積極的な意義を証明することは実は難しい。一般的な教科書では，次のような例が紹介されることが多い。

●移動速度の例　A 地点から B 地点まで移動するときに，行きは時速 25 km で走り，帰りは時速 15 km で走ったとしよう。そのときの平均時速は，算術平均では，$(25+15) \div 2 = 20$ となる。しかし，調和平均として計算すると，

$$\left(\frac{1}{\frac{1}{2}\left(\frac{1}{25} + \frac{1}{15}\right)}\right) = 18.75$$

として計算することになる。このように，算術平均と調和平均もまた，大きな乖離を持つ。価格指数の推計においては，そのウェイトを用いて合成していくことになる。その場合には，調和平均として計算していく方が真値に近づくのである。

ここで，t_2 期の価格データを用いて，調和平均として価格指数を求めてみよう。

t_2 の価格系列と，その逆数を計算すると次のようになる。

t_2 の価格	1.200	3.000	1.300	0.700	1.400	0.800
価格の逆数	0.833	0.333	0.769	1.429	0.714	1.250

このときの，t_2 の算術平均は，

$$(1.200 + 3.000 + 1.300 + 0.700 + 1.400 + 0.800) \div 6 = 1.400$$

となるが，逆数の平均値は，

$$(0.833 + 0.333 + 0.769 + 1.429 + 0.714 + 1.250) \div 6 = 0.888$$

となる。そこで，調和平均は，この平均値の逆数となるために，その逆数の平均値 0.888 で 1 を割ることとなる。つまり，$1 \div 0.888 = 1.126$ となる。

4.2　物価指数の計算

前節での整理からも明らかなように，市場全体の価格変動または経済価値変動を補足しようとした場合には，価格指数と合わせて数量指数がきわめて重要であり，かつその集計方法としてカルリ指数として計算される算術平均，ジュボン指数として計算される幾何平均などの計算方法，つまり指数の集計方法によって結果が大きく異なってくることが理解された。

それでは，さらに数量データを用いて，ラスパイレス型およびパーシェ型の価格指数を計算してみよう。

それぞれの定義に基づけば，価格と数量が掛け合わされた総支出額は，表4.4のように計算ができる。たとえば，p_1 の t_1 での価格は，$p_1 = 1.0$，また $q_1 = 1.0$ であるために，$p_1 q_1 = 1.0 \times 1.0 = 1.0$ となる。または p_6 の t_5 での価格は，$p_6 = 0.2$，$q_5 = 2.5$ であるために，$p_6 q_5 = 0.2 \times 2.5 = 0.5000$ となる。そして，一番右側の欄には，その合計支出額を計算している。

ここで各期ごとの総支出に占めるそれぞれの財の支出の比率を計算したものが，表4.5となる。

表4.4 合計支出額

PQ	$p_1 q_1$	$p_2 q_2$	$p_3 q_3$	$p_4 q_4$	$p_5 q_5$	$p_6 q_6$	$p_t q_t$
t_1	1.0000	1.0000	2.0000	1.0000	4.5000	0.5000	10
t_2	0.9600	2.7000	2.4700	0.9100	6.5800	0.4800	14.1
t_3	1.0000	1.1000	2.7000	1.5000	8.5000	0.4800	15.28
t_4	0.9600	0.6000	3.0400	1.8000	10.6400	0.5200	17.56
t_5	0.9000	1.2000	3.2000	1.2000	13.0000	0.5000	20

表4.5 各期ごとの支出ウェイト

S	s_1	s_2	s_3	s_4	s_5	s_6
t_1	0.1000	0.1000	0.2000	0.1000	0.4500	0.0500
t_2	0.0681	0.1915	0.1752	0.0645	0.4667	0.0340
t_3	0.0654	0.0720	0.1767	0.0982	0.5563	0.0314
t_4	0.0547	0.0342	0.1731	0.1025	0.6059	0.0296
t_5	0.0450	0.0600	0.1600	0.0600	0.6500	0.0250

表4.5では，たとえば，価格系列1について考えれば，価格と数量を掛け合わせた総支出額は表4.4で1.0と計算されており，その右側の欄に計算された総支出額が10.0であるために，支出比率は $1.0 \div 10.0 = 0.1000$ と計算されている。

4.2.1 ラスパイレス指数

ラスパイレス指数は，式(4.4)のように，

4.2 物価指数の計算

$$P_L(\boldsymbol{p}^0, \boldsymbol{p}^1, \boldsymbol{q}^0, \boldsymbol{q}^1) = \frac{\sum_{i=1}^{n} p_i^1 q_i^0}{\sum_{i=1}^{n} p_i^0 q_i^0}$$

として計算される。つまり，価格は変化していくが，数量ウェイトは基準時点のウェイトに固定されることとなる。つまり，価格は表 4.1 のように変化していくものの，数量ウェイトは表 4.5 の第 1 行目の，0.1000, 0.1000, 0.2000, 0.1000, 0.4500, 0.0500 に固定される。

そうすると，t_1 の価格指数は，

t_1 の価格		t_1 のウェイト		
1.00	×	0.10	=	0.10
1.00	×	0.10	=	0.10
1.00	×	0.20	=	0.20
1.00	×	0.10	=	0.10
1.00	×	0.45	=	0.45
1.00	×	0.05	=	0.05

となり，$0.10 + 0.10 + 0.20 + 0.10 + 0.45 + 0.05 = 1.00$ となる。

t_2 の価格指数については，下記のように計算できる。つまり，

t_2 の価格		t_1 のウェイト		
1.20	×	0.10	=	0.12
3.00	×	0.10	=	0.30
1.30	×	0.20	=	0.26
0.70	×	0.10	=	0.07
1.40	×	0.45	=	0.63
0.80	×	0.05	=	0.04

となり，$0.12 + 0.30 + 0.26 + 0.07 + 0.63 + 0.04 = 1.42$ となる。

t_1 の価格指数と t_2 の価格指数の計算手続きの違いは，価格データが変化しただけであることがわかる。このように，表 4.1 に記載されている t_3, t_4, t_5 の価格を用いて，同じウェイトで計算していくと，表 4.6 のようになり，t_3, t_4, t_5 はそれぞれ 1.3646, 1.3351, 1.3306 と計算できる。

表 4.6　ラスパイレス指数の計算

$PWlas$	pw_1	pw_2	pw_3	pw_4	pw_5	pw_6
t_1	0.1000	0.1000	0.2000	0.1000	0.4500	0.0500
t_2	0.1200	0.3000	0.2600	0.0700	0.6300	0.0400
t_3	0.1000	0.1000	0.3000	0.0500	0.7650	0.0300
t_4	0.0800	0.0500	0.3200	0.0300	0.8550	0.0200
t_5	0.1000	0.1000	0.3200	0.0100	0.9000	0.0100

4.2.2 パーシェ指数

続いて，パーシェ型の指数である．パーシェ指数は，式(4.5)のように，

$$P_P(\boldsymbol{p}^0, \boldsymbol{p}^1, \boldsymbol{q}^0, \boldsymbol{q}^1) = \frac{\sum_{i=1}^{n} p_i^1 q_i^1}{\sum_{i=1}^{n} p_i^0 q_i^1}$$

として計算される．つまり，毎期ごとにウェイトが変化するとともに，調和平均として集計されていく．t_1 に関しては，価格がすべて1として正規化されているために，$1/1=1$ となるために変化しない．

t_1 の価格		t_1 のウェイト		
1/1.00	×	0.10	=	0.10
1/1.00	×	0.10	=	0.10
1/1.00	×	0.20	=	0.20
1/1.00	×	0.10	=	0.10
1/1.00	×	0.45	=	0.45
1/1.00	×	0.05	=	0.05

となり，$0.10+0.10+0.20+0.10+0.45+0.05=1.00$ となる．

t_2 のパーシェ指数は，t_2 期においては，表4.5における t_2 期のウェイトを用いることになる．また，その計算においては調和平均を用いることとなるために，価格を逆数にして平均値を求めていくこととなる．t_2 の価格指数は，

t_2 の価格(逆数)		t_2 のウェイト		
0.83(1/1.20)	×	0.07	=	0.06
0.33(1/0.30)	×	0.19	=	0.06
0.77(1/0.26)	×	0.18	=	0.13
1.43(1/0.07)	×	0.06	=	0.09

$$0.71(1/0.63) \times 0.47 = 0.33$$
$$1.25(1/0.04) \times 0.03 = 0.04$$

となり，$0.06+0.06+0.13+0.09+0.33+0.04=0.72$ となるために，その逆数として，$1\div 0.72=1.38$ として価格指数が求められる。同じように，t_3, t_4, t_5 の価格とウェイトを掛け合わせたものが，表 4.7 となる。

表 4.7 パーシェ指数の計算

PWpaas	pw_1	pw_2	pw_3	pw_4	pw_5	pw_6
t_1	0.1000	0.1000	0.2000	0.1000	0.4500	0.0500
t_2	0.0567	0.0638	0.1348	0.0922	0.3333	0.0426
t_3	0.0654	0.0720	0.1178	0.1963	0.3272	0.0524
t_4	0.0683	0.0683	0.1082	0.3417	0.3189	0.0740
t_5	0.0450	0.0600	0.1000	0.6000	0.3250	0.1250

4.2.3 連鎖型指数

以上の価格の指数の計算においては，基準時点を 1 とした価格の絶対値を集計していく手続き示した。しかし，同じ財やサービスが観察される際に，一期前の価格をベースとして価格比 (p_t/p_{t-1}) を求めることができる。このような価格比を用いて指数を作成していく方法を連鎖型指数という。表 4.8 は，表 4.1 の価格系列に関して 6 つの価格に関しての価格比を計算したものである。たとえば，l_1 の t_5 のセルには，表 4.1 における p_1 の t_4 期の価格が 0.8，t_5 期の価格が 1.0 であるために，$1\div 0.8=1.25$ という数字が入っていることを確認されたい。

そうすると，六つの財に関しての価格比をどのように集計していくべきかという問題に直面することとなる。まず，この価格比の算術平均と幾何平均を計算すると，

表 4.8 前期変動比

linked ratio	l_1	l_2	l_3	l_4	l_5	l_6
t_1						
t_2	1.2000	3.0000	1.3000	0.7000	1.4000	0.8000
t_3	0.8333	0.3333	1.1538	0.7143	1.2143	0.7500
t_4	0.8000	0.5000	1.0667	0.6000	1.1176	0.6667
t_5	1.2500	2.0000	1.0000	0.3333	1.0526	0.5000

4. 経済市場の変動を捉える2

	算術平均	幾何平均
t_1	—	—
t_2	1.400	1.242
t_3	0.833	0.770
t_4	0.792	0.759
t_5	1.023	0.872

のようになる。算術平均はカルリ指数，幾何平均はジュボン指数として計算されることは，先に学習した。そうすると，連鎖カルリ指数，連鎖ジュボン指数は，

	連鎖カルリ	連鎖ジュボン
t_1	1.000	1.000
t_2	1.400 (1.000 × 1.400)	1.242 (1.000 × 1.242)
t_3	1.166 (1.400 × 0.833)	0.956 (1.242 × 0.770)
t_4	0.924 (1.166 × 0.800)	0.726 (0.956 × 0.759)
t_5	0.945 (0.924 × 1.250)	0.632 (0.726 × 0.872)

として計算される。

同様に，連鎖ラスパイレス，連鎖パーシェ指数も計算することができる。表4.9に，同じデータセットを用いて計算した各種指数を示した。

表4.9 指数の比較

	カルリ	ジュボン	ラスパイレス	パーシェ	連鎖カルリ	連鎖ジュボン	連鎖ラスパイレス	連鎖パーシェ
t_1	1.0000	1.0000	1.0000	1.0000	1.0000	1.0000	1.0000	1.0000
t_2	1.4000	1.2419	1.4200	1.3824	1.4000	1.2419	1.4200	1.3824
t_3	1.0500	0.9563	1.3450	1.2031	1.1665	0.9563	1.3646	1.2740
t_4	0.9167	0.7256	1.3550	1.0209	0.9236	0.7256	1.3351	1.2060
t_5	0.9833	0.6325	1.4400	0.7968	0.9446	0.6325	1.3306	1.1234

この比較からも明らかなように，同じデータを用いたとしても，どのような集計方法をとるのかによって，計算される指数の結果が大きく異なってしまうことがわかる。

指数の計算方法，集計問題は，きわめて深刻な問題なのである。

4.3　不動産価格指数と市場動向

　経済指数の集計問題は，統計学でいうのであれば，算術平均，幾何平均，調和平均，加重平均といったもっとも基本的な統計量によって計算される。本章では，これらの統計量を学習する上で，人工的な簡単なデータセットを用いて価格指数を計算するという題材によって，その活用方法について示した。
　ここで，不動産価格指数に関して考えてみよう。
　たとえば，2014年9月21日の日本経済新聞によると，「大阪，商業地伸び率全国1位」という見出しのもとで，「近畿2府4県が19日発表した7月1日時点の基準地価は大阪府の商業地の平均変動率が2008年以来5年ぶりに上昇に転じ，他府県の商業地，住宅地も軒並み下落率が鈍化した。(中略)商業地は2府4県で上昇149(前年は52)，横ばいが124(同86)，下落が348(同464)。大阪府は上昇地点が66と，下落の54を上回った。平均変動率は1.1%上昇し，伸び率で全国1位。商業地の上昇率の全国上位10地点のうち大阪が6地点を占めた。」と報じた。この報道は，本当に正しいのであろうか。
　全国1位として計算された計算は，単純な算術平均として計算されている。加えて，ウェイトは何も考慮されていない。大阪の中心の商業地も郊外の商業地も同じ比率で計算されている。このような計算は，もっとも市場に対して間違ったメッセージを発生させることは，この一連の計算例からも明らかであろう。
　日本を代表する不動産価格情報である，公示地価，基準地価およびその他の鑑定評価に基づく価格指数は，不動産鑑定評価に基づく定点観測として調査が実施され，その変動率(連鎖型指数)の算術平均として計算されている。この場合には，計算方法の選択問題だけでなく，ドリフト問題というものに直面する。ドリフト問題とは，ある期において間違った調査が実施された場合，その誤差を将来においても引きずってしまうという問題である。たとえば，価格調査において，価格の下落局面で，本来の価格よりも高い価格をつけてしまったとしよう。それを翌年に調整しようとすると，連鎖型の指数として計算されている場合には，本来の水準に戻そうとすると，変化率が大きくなりすぎてしまうた

めに，一期前の誤差を引きずってしまう形で価格調査が行われてしまう．

このような問題は，不動産価格だけでなく，消費者物価統計などでも同様に発生している問題である．

また，市場の変動を適切に捕捉しようとした場合には，価格指数と数量指数が同時に必要となる．

しかし，住宅価格指数に関する国際的な指針では，価格指数の推計方法と合わせて，その集計問題に関しても言及されている．現在，作成されている商業不動産価格指数の国際指針においても，価格指数の推計と合わせて，本来の価格指数への合成または集計問題がきわめて重要になってくる．そうすると，価格指数へと集計していくためには，価格調査と合わせて取引量に関する調査が必要になってくるものの，いまだ十分な調査体系が整っているとはいいがたい状況にある．

本章でも示したように，伝統的な価格指数の理論に基づけば価格と数量は同時決定されるとともに，その両者の指数があってはじめて市場動向を適切に把握することができる．

多くの世の中で公表されている統計データは，そのまま信頼していいわけではない．必ず誤差が存在する．統計データの利用においてはどのように作成されているのかを含めて理解しておかないと，誤った判断につながってしまうことを注意されたい．

第5章

経済指標のばらつきを知る
――範囲・四分位偏差・分散・標準偏差

　統計データの多くは，調査されたデータの平均値・中央値といった集計値として公表されることが多いことから，その統計量の持つ意味を正確に理解することが求められる。具体的には，計算された平均値や中央値がどの程度の代表性を持つのかといったことを知らなければならない。

　たとえば，ある新規商品を投入することを考えるとしよう。新規商品の投入においてもっとも困難な意思決定の一つとして，価格設定問題がある。価格設定をしようとした場合には，その商品のターゲットとなる消費者のボリュームゾーンを想定し，そのゾーンに見合った品質と価格との対応を注意深く分析していく。

　そのようななかで，商品を集中的に投入しようと考えているエリアの世帯平均所得が500万円であるという報告がなされたとしよう。平均値は代表性を持つ統計量の中でももっとも利用されているものであり親しみがあることから，多くの場合において何の疑いもなく，そのエリアの世帯の生活水準はおおよそ年収が500万円程度といったことを前提に分析が進められていく。しかし，実際には，多くの若者や派遣労働者の年収は300万円程度であるし，年収が1000万円を超える世帯も少なくない。そうすると，平均が500万円という代表性はどの程度あるのかといったことを慎重に考えないといけない。

　また，年収300万円の世帯にボリュームゾーンがあり，さらに，年収700万円の世帯のところにもボリュームゾーンがあるとしたら，その平均をとったときに年収500万円という数字が導かれる。そうすると，平均年収が500万円という情報にもとづき価格設定を行い商品を市場に投入してしまったとしたら，一つ目のボリュームゾーンである年収300万円世帯のボリュームゾーンにとっては高すぎる商品になってしまうし，二つ目のボリュームゾーンである年収

700万円世帯にとっては品質が劣った商品になってしまう可能性が高くなり，その新規商品の投入は失敗してしまうことになる。

このような問題を回避しようとした場合には，第一には年収などに関するアンケート調査などの独自調査を行い，その年収の分布を正確に理解するということである。第二には公表されている統計データにおいて，平均値だけを用いるのではなく，年収帯別の世帯数などの度数分布といわれる統計表を丁寧に分析するという方法も考えられる。

本章では，第一の方法に関して学習する。

5.1　「散らばり」を調べる

データを扱う場合には，前回まで学習してきたように，どのような代表性を持つ統計量を計算するのか，市場を適切に代表していくためにはどのような集計方法が好ましいのか，といったことはもっとも重要な統計知識の一つであるといっても過言ではない。しかし，中央値・平均値などの集計値には，必ず散らばり(dispersion)が存在するという前提でデータを見ていくことが必要となる。「散らばり」を表す統計量としては，

・範囲(range)
・四分位偏差(quartile deviation)
・分散(variance)
・標準偏差(standard deviation)

が該当する。

これらの統計量の計算方法を，単純な数値例を用いて学習しよう。数値例としては，前章で用いた様々な手法で計算された経済指数を用いることとする。表5.1に，7通りの計算方法で求めた指数を一覧として示している。

まず t_3 期のデータを用いて，それぞれの統計量の計算方法を学習していこう。

5.1.1　範　囲

範囲は，収集されたデータの最大値と最小値の差であり，そのデータ群が動

5.1 「散らばり」を調べる

表 5.1 経済指数の計算結果

	カルリ	ジュボン	ラスパイレス	パーシェ	連鎖カルリ	連鎖ラスパイレス	連鎖パーシェ
t_1	100.00	100.00	100.00	100.00	100.00	100.00	100.00
t_2	140.00	124.19	142.00	138.24	140.00	142.00	138.24
t_3	105.00	95.63	134.50	120.31	116.65	136.46	127.40
t_4	91.67	72.56	135.50	102.09	92.36	133.51	120.60
t_5	98.33	63.25	144.00	79.68	94.46	133.06	112.34

きうる可能性を示す。そうすると，その順序統計量 $x_{(1)}, x_{(2)}, \ldots, x_{(n-1)}, x_{(n)}$ を求めると，t_3 時点のデータは，次のように並べ替えることができる。

表 5.2 は，t_3 期の指数を小さい順に並び替えたものである。データの数が 7 つであるために，$x_{(n)} = x_{(7)}$ となる。一番小さい値を示しているのがジュボン指数の 95.63 である。もっとも大きな値は連鎖ラスパイレスの 136.46 である。分析対象となっているデータ群のなかでもっとも小さな統計量は「最小値」と呼ばれ，もっとも大きな統計量は「最大値」と呼ばれる。「範囲」とは，この「最大値から最小値を引いた値」となる。この場合であれば，$136.46 - 95.63 = 40.83$ となる。同じ価格データ，同じ数量データを用いたとしても，指数の集計方法によって，二期経過してしまうだけで 40.83 もの乖離が生まれてしまうことがわかる。

表 5.2 順序統計

$x_{(n)}$	x_i	指数名	t_3
$x_{(1)}$	x_2	ジュボン	95.63
$x_{(2)}$	x_1	カルリ	105.00
$x_{(3)}$	x_5	連鎖カルリ	116.65
$x_{(4)}$	x_4	パーシェ	120.31
$x_{(5)}$	x_7	連鎖パーシェ	127.40
$x_{(6)}$	x_3	ラスパイレス	134.50
$x_{(7)}$	x_6	連鎖ラスパイレス	136.46

5.1.2 四分位偏差

代表性を表す統計量としては，平均値と合わせて中央値があることを学んだ。中央値は，外れ値がある場合やデータの数が少ない場合などにおいて，代

表性を表す統計量としてきわめて有効である．四分位偏差は，中央値を用いた場合の「散らばり」を表す統計量として利用される．中央値は，表5.2において中心にくる統計量である．そうすると，ここでデータ数は七つあることから，中心にくるデータは4番目のデータとなる．このケースであれば，4番目のデータ，つまり$x_{(4)}$のパーシェ指数となる．

四分位偏差は，この中央値を除いた上半分と下半分のデータ群の中央値を用いて計算する．具体的には，第1四分位は，$x_{(1)}$から$x_{(3)}$の中央値となることから$x_{(2)}$のカルリ指数の120.31となる．第3四分位は$x_{(5)}$からの$x_{(7)}$の中央値となり$x_{(6)}$のラスパイレス指数の134.50となる．四分位偏差は，第3四分位と第1四分位の差として計算される．ここでは，134.50 − 120.31 = 14.19となる．

5.1.3 分散・標準偏差

代表性を表す統計量としてもっとも頻繁に利用されているのが，「平均値」であろう．平均値に対応した散らばりを示す統計量が，「分散・標準偏差」である．ここで，分散の計算方法から学習しよう．

もう一度，平均値の計算方法(第3章)を思い出してみよう．算術平均(m_a)は，式(5.1)のように表現されていた．

$$m_a = \frac{1}{n}\sum_{i=1}^{n} x_i \tag{5.1}$$

つまり，各データx_iをすべて足して，それをデータの数nで割ることで求めることができた．この式を出発点として，分散(variance)σ^2は式(5.2)のように定義される．

$$\sigma^2 = \frac{1}{n}\sum_{i=1}^{n}(x_i - m_a)^2 \tag{5.2}$$

各データx_iから平均値m_aを引いたものを偏差(deviation)と呼ぶ．これは，各値と平均値との乖離であり，$(x_i - m_a)$として計算される．式(5.1)と式(5.2)の違いを見ると，合計する対象がx_iから偏差$(x_i - m_a)^2$に変わっているという点である．この式の形は，今後，共分散・相関係数を学習していく上で重要となるのでしっかりと覚えておいてほしい．そうすると，分散とは，「偏差の

表5.3 分散・標準偏差の計算

		t_3	$x - \mu_a$	$|x - \mu_a|$	$(x - \mu_a)^2$
x_1	カルリ	105.00	−14.42	14.42	207.98
x_2	ジュボン	95.63	−23.79	23.79	565.87
x_3	ラスパイレス	134.50	15.08	15.08	227.36
x_4	パーシェ	120.31	0.89	0.89	0.80
x_5	連鎖カルリ	116.65	−2.78	2.78	7.71
x_6	連鎖ラスパイレス	136.46	17.04	17.04	290.34
x_7	連鎖パーシェ	127.40	7.97	7.97	63.60
	合計	835.95		81.97	1,363.66
	合計 ÷ $n(7)$	119.42		11.71	194.81
	合計 ÷ $n(6)$				227.28

2乗をすべて足し上げて n で割った値である」と言い換えることができる。

ここで，表5.3の数値例を用いて，分散の計算方法を学習しよう。

さて，もう一度偏差である $(x_i - \mu_a)$ に注目してみると，各データと平均値の乖離(散らばり)であるために，中心である平均値から各データがどの程度離れているのかを見ていることになる。その偏差を合計すると，$-14.42 + (-23.79) + 15.08 + 0.89 + (-2.78) + 17.04 + 7.97 = 0$ となる。そうすると，データの散らばりを知ることはできなくなってしまう。そこで，このような問題を解決する方法を考えなければならなくなってしまう。この問題を解決する方法としては，偏差の絶対値を用いるという方法と偏差を2乗するという方法が考えられよう。絶対値または2乗するとすべての値が正となり，その合計がゼロになるという問題を回避することができるためである。

そこで，表5.3を用いて，その偏差の絶対値を合計すると81.97となり，その合計値を7で割ると11.71として求められる。このように，偏差の絶対値の平均値として求めたものを，**平均絶対偏差**(mean deviation)と呼ぶ。

続いて，表5.3の偏差の2乗を合計すると，1363.66となる。その合計値を7で割ると194.81となり，これが分散となる。正確には，これは**母分散**と呼ばれる。

一般には，私たちが観測することができるデータは，標本であることから，偏差の2乗の合計値を7で割るのではなく，$n-1$ の6で割らなければならない。このように求めた「標本分散」は227.28となる。ここでどうして n ではなく $n-1$ で割るのかという疑問が出てくるであろう。この問題に関しては，

別の機会に説明したいが、ここでは簡単に説明しておく。

現在の分散の計算においては、七つのデータを用いて計算していた。それぞれの独立した七つのデータから平均値を引いた偏差を2乗して合計したものを割ることで求めたが、ここで平均値は母集団平均の「推定値」である。つまり、一つ拘束条件が追加されることとなる。このような場合には、拘束条件が一つ追加されたことで自由度を一つ失ってしまうのである。そうすると、nではなく、自由度を一つ失った$n-1$で割らなければならないのである。仮に、平均値が推定値ではなく母集団平均であるとすれば、nで割ればよい。一般に統計ソフトなどで計算される分散は、「不偏分散」である。nの値が大きい場合には両者に差がほとんどないものの、今回の$n=7$のような小さいサンプルでは大きな差となってしまう。

以上のように分散が計算できると、**標準偏差**(standard deviation)は次のように求めることができる。

$$\sigma = \sqrt{\sigma^2} = \sqrt{\frac{1}{n-1}\sum_{i=1}^{n}(x_i - m_a)^2} \tag{5.3}$$

つまり、標準偏差とは分散の平方根をとったものとなる。

5.2 「散らばり」を表す統計量の見方

このように計算された統計量は、どのように分析することができるのであろうか。

まず、t_1期については、すべてが100としてスタートしているため、平均が100であり、分散・標準偏差はゼロとなることを確認していただきたい。つまり、散らばりがない状態である。しかし、t_2期、t_3期、……、t_5期へと経過していくとばらつきが発生してくる。

まずt_2期においては平均値(m_a)が137.81で標準偏差(σ)が6.20である。この二つの情報が得られたときに、もう一つの情報を知ることができる。平均と標準偏差が明らかになると、データがどのような範囲でどのような割合で散らばっているのかを知ることができるのである。具体的には、平均値(m_a)を中心に$\pm1\sigma$(標準偏差)の間には68.27%、$\pm2\sigma$の間には95.45%、$\pm3\sigma$に

は99.73%のデータが入ることが知られている。数値例を示せば，t_2における平均値137.81を中心として $\pm 1\sigma (6.20)$，つまり131.61(137.81 − 6.20)から144.01(137.81 + 6.20)の間に，おおよそ68.27%のデータが入ってくるということが知られている。

さらに，時間的な変化を見ようとした場合には，平均値と中央値の時間的な変化を観察し，市場全体の動向を観察していく。そもそもが価格指数としての性格を持つものであるが，それぞれの作成方法において異なる傾向を持つのであれば，さらにそれを集計して全体の動向を見るということは自然なことであろう。ここで「散らばり」の統計量を合わせて見ることで，より多くの情報を得ることができる。最小値，最大値そのものの動きを見てもいいし，ばらつきの大きさがどの程度変化していくのかということを見るのであれば，分散や標準偏差の時間的な変化を見ていってもよい。

たとえば，標準偏差の大きさを見ていくと，時間の経過とともに拡大していく様子がわかる。表5.4を見ると，時間の経過とともに標準偏差が拡大している様子がわかる。つまり，指数の作成方法による相違は，時間の経過とともに拡大しているのである。しかし，標準偏差は平均値からの乖離を見たものであり，異なる時間で比較しようとした場合には，平均値の大きさによって調整した上で見ることが必要である。先の分散，標準偏差の作成方法からも理解できるように，それぞれの統計量の大きさは平均値の大きさによって変化してしまうためである。

表5.4 計算された統計量の見方

	平均	分散	標準偏差	中央値	最小値	最大値	変動係数
t_1	100.00	0.00	0.00	100.00	100.00	100.00	0.00
t_2	137.81	38.42	6.20	140.00	124.19	142.00	0.04
t_3	119.42	227.28	15.08	120.31	95.63	136.46	0.13
t_4	106.90	559.95	23.66	102.09	72.56	135.50	0.22
t_5	103.59	814.71	28.54	98.33	63.25	144.00	0.28

そこで**変動係数**(coefficient of variation)という新しい統計量を学習しよう。変動係数とは，標準偏差 (σ) ÷ 平均値 (m_a) として計算される。表5.4において，変動係数の時間的な変化を見たとしても，そのばらつきは時間的に拡大し

ており, t_5 期においては t_2 期の 7 倍の大きさまで大きくなっていることがわかる. このように平均値などの単位で統計量の大きさを調整していくことはしばしば行われるので, 覚えておくとよいであろう.

5.3　「散らばり」の大きさが意味するもの

　散らばりの大きさを示す代表的な統計量である標準偏差は, ファイナンスの世界ではヒストリカル・ボラティリティと呼ばれ, リスク量として用いられている. 標準偏差は,「不確実性」を意味するのである.

　それでは, 何が不確実なのろうか. また, どうしてそれがリスクなのであろうか. 標準偏差は, 今回の学習から学んだように, それぞれのデータから平均値を引いた偏差を出発点として計算されている. つまり, 私たちが代表性を平均値として見たときには, その平均値をもとにして様々な意思決定を行う. そうすると, その意思決定の前提には平均値があり, その平均値を追求したような行動をしたときにそこから大きく外れたような数字に直面すると, 予期できなかったとしてはっとしてしまう. この予期できなかったときにはっとする気持ちが, 不確実性でありリスクなのである. そして, そのような平均からの乖離を統計量として測定したものが分散であり標準偏差であるために, その大きさが大きくなるほど平均から乖離してしまう可能性が大きいということから, リスクが大きいといわれているのである.

　しかし, 標準偏差が事前にわかっていれば, そのようなリスクもマネジメントすることができる.

　たとえば, 今回は物価の動向を見る指数を例題として利用している. ここで, t_5 に注目してみよう. 各指数の作成方法の平均値が 103 であるとすれば, おおよそ 3% 程度の価格変化が発生するという前提で多くの意思決定をしていたとしよう. そのような情報を基づき意思決定をしていたとしたときに 75, つまり −30% 弱の価格下落に直面すると, そのような価格下落は予期できていなかったためにリスクと感じるかもしれない. しかし, 事前に標準偏差が 28 であるという数字を知っていたとすれば, 34.13%(68.27%÷2) の確率で, 価格は 75 (103 − 28 = 75) になる可能性があったことは知っていたのである. つ

まり，指数の作成方法如何によっては，事前に 30% 程度の価格下落が起こりうるものとして，そのリスクを前提とした準備をしておけばよいのである．それがリスク・マネジメントである．

　ここで，34% といったのは，われわれは平均値を中心に $\pm 1\sigma$ (標準偏差) の間には 68.27% のデータが入ることを知っているために，その上側の確率を除く下落サイドだけの確率だけを見たのである．このような下落サイドだけの標準偏差またはリスクとして見ることは，ダウンサイド・リスクと呼ばれる．

　しかし，このような統計量の大きさからも超えて価格下落が発生した場合には，予期できなかった価格変化といえる．実際の投資運用業務においては，過去のトレンドから得られる平均値を利用することは少なく，標準偏差から求めたリスク量を重視する傾向がある．代表性を表す統計量である平均値も重要な統計量であることには変わりないが，「散らばり」を表す統計量である分散や標準偏差は，それと同じくらい，またはそれ以上に重要な統計量なのである．

第6章

分布の形と不平等を調べる
——度数分布・ヒストグラム・ジニ係数

　経済データを観察する際には，まずデータの分布の形を注意深く調べる必要がある。しばしば市場分析において失敗する例としては，平均値や中央値といった代表性を持つ統計量を見たときに，その統計量をそのままに信じてしまうことである。

　たとえば，あるエリアの平均世帯所得が500万円であるという報告がなされたとしよう。そうすると，中には平均値が500万円であるといわれたときに，すべての人が500万円をもらっていると錯覚してしまう人がいる。しかし，実際には，多くの若者や派遣労働者の年収は300万円程度であるし，年収が1,000万円を超える世帯も少なくない。そうすると，平均が500万円であるという背後に，どのような数値が存在しているのかを慎重に見ないといけない。

　このような問題に対処する方法として，分布の形を調べるということが考えられる。具体的には，「度数分布」を作り，「ヒストグラム」によって形を観察すればよいのである。

　また，多くの公的部門から公表される経済統計において，度数分布表としてしかデータが公開されていないものが多い。そのように公開されているデータにおいては，全体の平均値も記載されていることもあるが，一部の統計では掲載されていなかったり，分析を進めていくなかで任意の対象群において平均値が必要となったり，さらには分散や標準偏差などの統計量も同時に観察したくなることがある。

　本章では，まずこのような要請に対応するために，度数分布表が与えられたときに，平均値や分散をどのように計算したらいいのかを学習する。

　加えて，経済データを見る場合に，単なる分布だけでなく，不平等度を調べたいといったことも出てくることがある。データ群の中での格差を「範囲」と

して観察することもできるが，分布としてどのようなところに，どの程度の歪みが生じているのか，その歪みは時間的に拡大しているのか縮小しているのか，といったことを観察したいといった知的欲求も出てくる。とりわけ，所得や不動産の保有状況などの資産の格差や不平等度は，政策的な大きな関心事の一つである。そこで，不平等度を表す統計量としてのジニ係数とハーシュマン・ハーフィンダール指数に関して学習する。

6.1 度数分布から記述統計を計算する

6.1.1 度数分布とヒストグラム

データを分析する際には，まずは平均値や中央値などの代表値と合わせて，分散，標準偏差，四分位偏差，範囲などの「散らばり」を表す統計量を見ていくことの重要性は学んだ。しかし，このような統計量だけでは見落としてしまう問題がある。分布の形である。平均値や中央値などの代表性を表す統計量が計算されてくる背後に，どのようなデータが存在しているのかといったことを見ておかなければ，誤った判断をしてしまうことは少なくない。

そのような問題を回避するためには，度数分布といった統計表を作ったり，その度数分布表に基づき，ヒストグラムを作ったりして視覚的に確認していくといった方法が存在する。

度数分布(frequency distribution)とは，経済データなどの数値的な資料に関して，そのようなデータが出現する頻度を整理することによって作成される表のことをいう。具体的には，データを小さい方から順番に並べて，そのデータが所属するデータの区間(範囲，レンジまたはクラス)ごとに，いくつのデータが所属するのかを，個数または度数を数えることで計算される。

表 6.1 は，平成 21(2009) 年度の家計調査によって公表されている所得階級別の分布を見たものである。ここでは，所得階級別に，世帯数が「度数」として計算されている。200 万円未満においては 6,004,884 世帯が，200 万円から 300 万円未満に 6,549,672 世帯が，300 万円から 400 万円未満に 7,373,849 世帯が，存在していることがわかる。ここでは，調査されている世帯ごとに所得が低い順番に並べて，所得階級別に所属する世帯の数を数えたものである。こ

6. 分布の形と不平等を調べる

表 6.1 度数分布と平均値

	a) 世帯数	b) 中央値	a)×b)	c) 比率	b)×c)
200 万円未満	6,004,884	100	600,488,400	12.30%	12.30
200-300 万円未満	6,549,672	250	1,637,418,000	13.41%	33.53
300-400 万円未満	7,373,849	350	2,580,847,150	15.10%	52.85
400-500 万円未満	6,417,009	450	2,887,654,050	13.14%	59.13
500-600 万円未満	4,843,253	550	2,663,789,150	9.92%	54.55
600-700 万円未満	4,262,739	650	2,770,780,350	8.73%	56.74
700-800 万円未満	3,318,705	750	2,489,028,750	6.80%	50.97
800-900 万円未満	2,657,383	850	2,258,775,550	5.44%	46.25
900-1,000 万円未満	1,897,082	950	1,802,227,900	3.88%	36.91
1,000-1,500 万円未満	4,209,741	1,250	5,262,176,250	8.62%	107.76
1,500-2,000 万円未満	860,060	1,750	1,505,105,000	1.76%	30.82
2,000 万円以上-	439,084	2,500	1,097,710,000	0.90%	22.48
合計	48,833,461		27,556,000,550		564.29

のように所得階級別に度数の数を数えた表のことを「度数分布表」と呼ぶ。そして，その度数分布表に基づき図示化したものを「ヒストグラム」と呼ぶ。図 6.1 は，表 6.1 に基づき作成された所得分布を表すヒストグラムである。300 万円以上 400 万円未満のところに，もっとも集中していることがわかる。

また表 6.1 では，c)欄に「相対度数」が計算されている。「相対度数」とは，

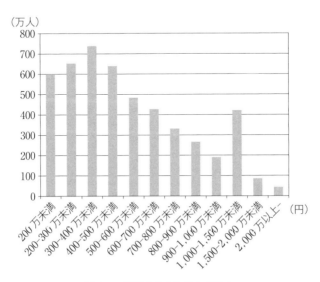

図 6.1 所得分布のヒストグラム

全世帯に占める各階級に所属する世帯の数の比率を計算したものである。

それでは，実際のデータを入手したときに，どのように度数分布表を作ったらよいのであろうか。ここでは，二つの判断が求められる。

表 6.1 では，原則として 100 万円刻みの「範囲」で，12 の「階級」に分けて度数分布表が作成されている。このときに，「範囲」をいくつとして設定するのか，「階級」をいくつに設定するのか，といったことが問題になるのである。「範囲」を粗くしすぎると全体の分布の形を正確につかむことができなくなってしまうし，一方，細かくしすぎてしまうと度数分布の意味を失う。

しかし，これらを決定するための明確な答えがあるわけではない。一つの考え方としては，スタージェスの公式(Sturges' formula)と呼ばれる計算式が存在する。スタージェスの公式では，範囲(C)または，階級(K)を次のように計算する。

$$C \fallingdotseq (\text{Max} - \text{Min}) \div (1 + \log_2(N)) \tag{6.1}$$

最大値(Max)と最小値(Min)の差である範囲を，$(1 + \log_2(N))$，つまり，1 に底を 2 としたサンプル数(N)の対数を加えた値で割った値によって求められる。また，階級の数は，同様に，次のように計算された値が参考になる。

$$K \fallingdotseq 1 + \log_2(N) \tag{6.2}$$

6.1.2 度数分布から平均値を計算する

それでは，度数分布表が得られたときに，どのように平均値を計算したらよいのであろうか。第 3 章において，平均値(算術平均)は，式(6.3)のように計算できることを学んだ。

$$m = \frac{1}{n} \sum_{i=1}^{n} x_i \tag{6.3}$$

データ x_i に関して，すべてのデータを足し合わせて，データの数 n で割ることによって求めることができた。しかし表 6.1 では一つ一つのデータを得ることはできず，各階級ごとにいくつのデータが存在しているのかということしかわからない。ここで，$\sum_{i=1}^{m} x_i$ に注目する。この式は，対象となるすべてのデータ x の合計値を意味する。平均値を求めるためには，データの合計値を求めることからはじめることとなる。ここで，各階級別の合計値を求めること

を考えよう。

たとえば，表 6.1 では，200 万円から 300 万円未満の階級には 6,549,672 世帯がいることがわかっている。しかし，そのなかの世帯一つ一つがいくらの所得であるかはわからず，所得に関しては，200 万円から 300 万円未満の範囲にいるという情報しかない。そうすると，何らかの仮定を置く必要がある。ここでは，200 万円から 300 万円未満の世帯は，200 万円の世帯も 299 万円の世帯もいるかもしれないが，すべての世帯が 250 万円であるという仮定を置くこととする。200 万円から 300 万円未満の階級にいる 6,549,672 世帯がすべて 250 万円であるとすれば，その合計額は 6,549,672 世帯 × 250 万円 = 1,637,418,000 万円となる。続いて，300 万から 400 万円未満の世帯は，300 万円の世帯も 399 万円の世帯もいるかもしれないが，すべての世帯が 350 万円であるという仮定を置くと，その階級の総所得金額は 7,373,849 世帯 × 350 万円 = 2,580,847,150 万円となる。

ここで，年収 200 万以上 400 万未満の階級に関して考えてみよう。ここには，6,549,672 世帯 + 7,373,849 世帯 = 13,923,521 世帯がいる。そして，その世帯から発生している所得金額の総額は，1,637,418,000 万円 + 2,580,847,150 万円 = 4,218,265,150 万円となる。そうすると，年収 200 年から 400 万円に入る 13,923,521 世帯が 4,218,265,150 万円を稼いでいると考えれば，その平均は，4,218,265,150 万円 ÷ 13,923,521 世帯 ≒ 302 万円として計算することができる。

つまり，式 (6.4) のように計算することができることがわかる。各階級ごとの所得の合計を計算し，その合計額を求めることで，日本全体の世帯の所得合計を類推することができるのである。それを全世帯数 48,833,461 で割ることで，日本の世帯の平均所得が計算することができる。

$$m = \frac{1}{n}\sum_{i=1}^{n} x_i \approx \frac{1}{n}\sum_{k=1}^{K}(\bar{x}_k \times n_k) \tag{6.4}$$

つまり，総人口 n および各階級の代表値 $\bar{x}_k$ を，次のように仮定するのである。

$$n = \sum_{k=1}^{K} n_k, \bar{x}_k = \frac{1}{n_k}\sum_{x_i \in R_k} x_i \tag{6.5}$$

このような形で，各階級別の合計額は，表 6.1 では，a) × b) の欄に計算さ

6.1 度数分布から記述統計を計算する

れている。その全階級の世帯の合計は 48,833,461 世帯，所得の合計は 27,556,000,550 万円となる。そうすると，日本の一世帯あたりの平均所得は，27,556,000,550 万円 ÷ 48,833,461 世帯 ≒ 564 万円として計算することができるのである。また，各級の代表値($\bar{x}_k$)に相対度数を掛け合わせたものを合計することでも求めることができる。表 6.1 の b)の級代表値としての中央値と相対度数の c)を掛け合わせた結果を，b)×c)として計算しているが，その合計額が ≒ 564 万円となっていることを確認されたい。

6.1.3 度数分布と分散・標準偏差

続いて，分散・標準偏差の計算方法を考えてみよう。

分散は，前章で見たように，式(6.6)のように定義されていた。

$$\sigma^2 = \frac{1}{n}\sum_{i=1}^{n}(x_i - m)^2 \tag{6.6}$$

各データ x_i から平均値 m を引いたものを偏差(第 5 章参照)と呼ぶ。これは，各値と平均値との乖離であり，$(x_i - m)$ として計算される。分散は，「偏差の 2 乗をすべて足し上げて n で割った値である」と定義できた。そうすると，すでに n はわかっているので，「偏差の合計」をどのように計算したらよいのかといった問題となる。ここで，平均値を計算したときと同じような発想に基づけば，式(6.7)のように計算することができる。

$$\sigma^2 = \frac{1}{n}\sum_{i=1}^{n}(x_i - m)^2 \cong \frac{1}{n}\sum_{k=1}^{K}(\bar{x}_k - m)^2 \times n_k \tag{6.7}$$

各個別のデータごとに計算される偏差$(x_i - m)$の 2 乗の合計を，各階級ごとの偏差$(\bar{x}_k - m)$の 2 乗の合計として計算すればよい。表 6.2 では，相対度数を用いてその計算方法を示す。

表 6.1 で見たように，階級別の合計値を計算してから n で割った値と，級代表値に相対度数をかけた値を合計した値は一致することがわかった。偏差の 2 乗を各階級の度数に掛け合わせると，きわめて大きな値となってしまうために，ここでは相対度数を用いた計算方法が示されている。c)偏差では，各級代表値から先に求めた平均値である ≒ 564 万円を引いた値が計算されている。その 2 乗が d)欄に，そして，その偏差の 2 乗と相対度数を掛け合わせた値が，b)

表6.2 度数分布と分散・標準偏差

	a)世帯数	b)比率	c)偏差	d)偏差^2	b)×d)
200万円未満	6,004,884	12.30%	−464.29	215,560.77	26,506.77
200-300万円未満	6,549,672	13.41%	−314.29	98,775.20	13,247.99
300-400万円未満	7,373,849	15.10%	−214.29	45,918.16	6,933.64
400-500万円未満	6,417,009	13.14%	−114.29	13,061.11	1,716.31
500-600万円未満	4,843,253	9.92%	−14.29	204.07	20.24
600-700万円未満	4,262,739	8.73%	85.71	7,347.02	641.33
700-800万円未満	3,318,705	6.80%	185.71	34,489.98	2,343.93
800-900万円未満	2,657,383	5.44%	285.71	81,632.93	4,442.24
900-1,000万円未満	1,897,082	3.88%	385.71	148,775.89	5,779.64
1,000-1,500万円未満	4,209,741	8.62%	685.71	470,204.75	40,534.51
1,500-2,000万円未満	860,060	1.76%	1,185.71	1,405,919.53	24,761.20
2,000万円以上-	439,084	0.90%	1,935.71	3,746,991.69	33,690.92
合計	48,833,461				160,618.72

×d)として求められている。その合計値は，160,618.72となり，これが分散となるのである。

以上のように分散が計算できると，第5章で学んだように標準偏差は次のように求めることができる。

$$\sigma = \sqrt{\sigma^2} = \sqrt{\frac{1}{n}\sum_{i=1}^{n}(x_i - m)^2} \qquad (6.8)$$

つまり，$\sqrt{160,618.72} = 400.77$ と求められる。

6.2 「不平等度」を表す統計量：ジニ係数

6.2.1 ジニ係数

一般に，一変量の統計量としては，平均・中央値といった代表性を表す統計量と共に，分散・標準偏差・四分位偏差などの「散らばり」を表す統計量が計算されることが一般的である。しかし，経済分析においては，時として，平等または不平等度を測定することが要求されることがある。経済政策において，所得や富の格差は重要な関心事の一つだからである。

そのような不平等度を測定する統計量として，ジニ係数(Gini's coefficient)，またはハーフィンダール・ハーシュマン指数(次項で解説)と呼ばれる統計量がある。

6.2 「不平等度」を表す統計量：ジニ係数

まずジニ係数とは，所得分配の不平等さを測る指標として，しばしば活用されているものであるが，ローレンツ曲線をもとに計算することが提案されたものである。

●ローレンツ曲線　ローレンツ曲線とは，たとえば所得であれば，その所得がどのようなところに集中しているのかといった事象の「集中度合い」を捕捉することを目的に開発されたものである。具体的には，累積度数分布を図示化したものといえる。

図 6.2 は，各階級別の世帯比率と累積所得分布との関係を見たものである。

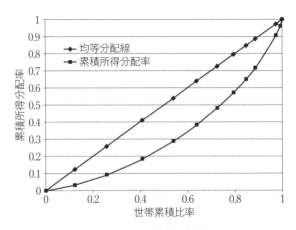

図 6.2　ローレンツ曲線と均等分配線

もし，社会に所得格差が存在しなかった場合は，平等線と書いた 45 度線に一致する（均等分配線と呼ばれる）。つまり，すべての人で同じだけの所得を用いている状態である。しかし，実際は，所得格差が存在するために，下に凸を持つ形となってしまっている。ジニ係数 (G) とは，45 度線とローレンツ曲線とで囲まれる部分の面積の 2 倍として計算されるものである。このような度数分布表を用いて計算しようとすると，次のように計算することができる。

$$G = 1 - \{(X_1 - X_0)(Y_1 + Y_0) + (X_2 - X_1)(Y_2 + Y_1) \\ + \cdots + (X_n - X_{n-1})(Y_n + Y_{n-1})\} \tag{6.9}$$

それでは，表 6.3 を用いて計算してみよう。まず世帯の累積分布となる X と所得の累積分布となる Y を見てみよう。累積世帯比率と累積所得比率を比

表6.3 ジニ係数の計算

	a)世帯数	世帯比率	累積世帯比率	総収入比率	Y：累積収入比率	G：ジニ係数
200万円未満	6,004,884	12.30%	12.30%	3.23%	3.23%	0.004
200-300万円未満	6,549,672	13.41%	25.71%	5.88%	9.11%	0.017
300-400万円未満	7,373,849	15.10%	40.81%	9.26%	18.38%	0.042
400-500万円未満	6,417,009	13.14%	53.95%	10.37%	28.74%	0.062
500-600万円未満	4,843,253	9.92%	63.87%	9.56%	38.31%	0.066
600-700万円未満	4,262,739	8.73%	72.60%	9.95%	48.25%	0.076
700-800万円未満	3,318,705	6.80%	79.39%	8.94%	57.19%	0.072
800-900万円未満	2,657,383	5.44%	84.83%	8.11%	65.30%	0.067
900-1,000万円未満	1,897,082	3.88%	88.72%	6.47%	71.77%	0.053
1,000-1,500万円未満	4,209,741	8.62%	97.34%	18.89%	90.66%	0.140
1,500-2,000万円未満	860,060	1.76%	99.10%	5.40%	96.06%	0.033
2,000万円以上-	439,084	0.90%	100.00%	3.94%	100.00%	0.018
合計	48,833,461					0.644

較したときに，すべての階級において累積世帯比率の方が小さくなっていることがわかる。つまり，所得分配には不平等が発生していることを意味する。そこで，各階級別に$(X_n - X_{n-1})(Y_n + Y_{n-1})$を計算した値を$G$欄に入れている。その合計値が0.644となっていることから，ジニ係数は$1 - 0.644 = 0.366$として計算ができる。

具体的な計算手順を，表6.4で確認してみよう。$(X_n - X_{n-1})(Y_n + Y_{n-1})$を計算するために，$(X_n - X_{n-1})$と$(Y_n + Y_{n-1})$をそれぞれ計算している。$(X_n - X_{n-1})$は，相対度数を意味していることがわかるであろう。そして，世

表6.4 ジニ係数の計算手順

	$X_n - X_{n-1}$	$Y_n + Y_{n-1}$	$(X_n - X_{n-1})(Y_n + Y_{n-1})$
200万円未満	0.123	0.032	0.004
200-300万円未満	0.134	0.123	0.017
300-400万円未満	0.151	0.275	0.042
400-500万円未満	0.131	0.471	0.062
500-600万円未満	0.099	0.670	0.066
600-700万円未満	0.087	0.866	0.076
700-800万円未満	0.068	1.054	0.072
800-900万円未満	0.054	1.225	0.067
900-1,000万円未満	0.039	1.371	0.053
1,000-1,500万円未満	0.086	1.624	0.140
1,500-2,000万円未満	0.018	1.867	0.033
2,000万円以上-	0.009	1.961	0.018
			0.644

帯の相対度数に，所得の集中度$(Y_n + Y_{n-1})$をかけ合わせた値$(X_n - X_{n-1})$ $(Y_n + Y_{n-1})$が，表6.3の一番右の欄に計算されている数字と一致することが確認できるであろう。ジニ係数は，0に近づくほど平等な状態に近づいていることを意味するのである。

6.2.2 ハーフィンダール・ハーシュマン指数

続いて，ハーフィンダール・ハーシュマン指数(Herfindahl-Hirschman Index, HHI)である。HHI は，一般的には産業の市場における企業の競争状態，独占，寡占状態を調べる指標として使われている。HHI は，「ある階級に属するある主体の占有率の2乗和」と定義される。HHI は独占状態においては1，競争が高まるほどに0に近づく。

ここで，ジニ係数を計算した同じデータで HHI を計算したものが表6.5である。

まず，ここでは世帯および所得の HHI を計算してみよう。世帯の相対度数を P，所得の相対度数を R とすると，その2乗和を「$P \times P$」または「$R \times R$」として計算している。その合計値，つまり2乗和が HHI であり，世帯においては0.108，所得においては0.102として計算することができる。

表6.5　ハーフィンダール・ハーシュマン指数

	a)世帯数	世帯比率	累積世帯比率	総収入比率	Y：累積収入比率	G：ジニ係数
200万円未満	6,004,884	12.30%	12.30%	3.23%	3.23%	0.004
200-300万円未満	6,549,672	13.41%	25.71%	5.88%	9.11%	0.017
300-400万円未満	7,373,849	15.10%	40.81%	9.26%	18.38%	0.042
400-500万円未満	6,417,009	13.14%	53.95%	10.37%	28.74%	0.062
500-600万円未満	4,843,253	9.92%	63.87%	9.56%	38.31%	0.066
600-700万円未満	4,262,739	8.73%	72.60%	9.95%	48.25%	0.076
700-800万円未満	3,318,705	6.80%	79.39%	8.94%	57.19%	0.072
800-900万円未満	2,657,383	5.44%	84.83%	8.11%	65.30%	0.067
900-1,000万円未満	1,897,082	3.88%	88.72%	6.47%	71.77%	0.053
1,000-1,500万円未満	4,209,741	8.62%	97.34%	18.89%	90.66%	0.140
1,500-2,000万円未満	860,060	1.76%	99.10%	5.40%	96.06%	0.033
2,000万円以上-	439,084	0.90%	100.00%	3.94%	100.00%	0.018
合計	48,833,461					0.644

6.3 統計分布から何を読み取るべきか？

　近年におけるコンピューター技術のめざましい進歩は，統計分析の実施を容易にした。そのなかでも，グラフィカル分析の進歩はめざましいものがある。

　かつて，統計量の分析においては，平均値・中央値などの「第1次モメント」の統計量と呼ばれる「代表性」を持つ統計量と，分散，標準偏差などの「第2次モメント」の統計量と呼ばれる「散らばり」を表す統計量とともに，尖度，歪度と呼ばれる分布の形を表す「第3次モメント」の統計量を計算することが一般的であった。しかし，近年においては，容易にヒストグラムや箱ひげ図と呼ばれる分布の形を見ることができるグラフを作成することで，分布の形を視覚的に理解できるようになったのである。

　また，度数分布表などによって公開される統計量から平均値や分散，標準偏差などの統計量が計算することができれば，単なる分布の形でしか理解できなかった統計量も，記述統計として求めることができることで，分析の幅を広くしていくことが可能となる。本章での一連の学習において，度数分布表からヒストグラムを作る，または度数分布表から記述統計量を計算することができるようになることで，一変量の統計分析に深みをもたらすことができるであろう。

　続いて，不平等度の統計量である。本章ではジニ係数，ハーフィンダール・ハーシュマン指数を学んだ。

　経済発展の初期段階では過剰労働力が存在し，そのために，賃金格差をもたらし，所得の不平等化を進める。しかし，労働市場の需給が逼迫し，1人あたりのGNPがある水準を超えて持続的に増加していくと，所得分布も均等化し，ジニ係数は低下する。また，社会・経済制度が発展してくると，税制・社会保障などが充実してくるなかで，再分配政策が広く普及し，所得の均等化はますます進展してくる。

　経済発展の過程で，社会資本と民間資本とのアンバランスが発生し，社会資本の未整備が経済成長の隘路となることは，クズネッツをはじめハーシュマンなどにおいても指摘されている。ハーシュマンはそのような分析を進めるなか

で，集中度を表す統計量を開発していったのである。

　わが国においては，高齢化が一層進展するとともに人口が減少していくなかで，地域間や個人間での格差が拡大していくことが予想されている。そのようななかでは，不平等度，または集中度を測定することができる統計量は，また注目されることが考えられる。

　このような統計量は，様々な面に応用できる。たとえば，近年においては公示地価のあり方が検討されるなかで，どのように地域的な偏在を解消していくのかといったことが議論されている。人口や土地ストック（地価水準）の地域的な偏りに対応させた最適配置は，決して難しい問題ではない。それぞれの偏りが一致するように，その偏在を解消していけばよいだけである。

第7章

相関関係を測定する
―― 共分散と相関係数

7.1　相関関係と因果関係

　経済データを分析していくなかで，異なる事象間での関係を調べることは，一変量の分析をしていたときと比較して大幅に分析の幅を拡げる。とりわけ，私たちが当たり前と考えているいくつかの現象でも，単独に一つの事象だけを捉えていたときと異なり，複数の事象を比較することで今まで発見できなかった新しい規則性を見つけることができたり，今まで考えていた認識とは逆の関係が存在していたり，または，何も関係がないということがわかったりと，多くの知的発見をすることができることが少なくない。

　たとえば，「駅に近いところほど商業用の土地の価格が高い」とか，「緑が多いところほど住宅価格が高い」といったことは，容易に予想できる。

　駅までの距離が近いところは，消費者にとっては便利なために人の往来が多くなるために，お店などを出店すると多くの売り上げを上げることが期待できる。そのため，商店主は，できる限り交通利便性が高いところに出店したいと考える。また，家を購入しようとする人は，通勤や通学がしやすいところに住みたいと考え，かつ自然とのふれあいのなかに安らぎを求め，便利で心豊かな住生活を送りたいと考えている人が多いであろう。そうすると，交通利便性が高く，かつ緑が豊かなところの住宅価格は高くなる。

　このように，事象が起こっている原因と結果が明確な関係を，因果関係（causality）と呼ぶ。この場合には，どちらか一方が他方に一方的に影響を与えていることが前提とされる。しかし，二つの異なる現象が，必ずしも一方が他方に一方的に影響を与えているとは限らないケースがある。

先に,「多くの人が立地したいと考えるところは土地の価格が高い」と指摘した.しかし,逆に土地価格の高さそのものが立地の阻害要因にもなることがあり,土地の価格または家賃が相対的に低いところほど,立地が進みやすいという関係も見られることがある.

地域別の住宅価格の動向を観察していったところ,人口が増加しているところでは住宅価格が高く,人口が減少している地域では住宅価格が安くなるという傾向が見いだされたとする.しかし,住宅価格が高いところでは,そのような地域では住宅を購入することができないために,人口が流出していくということも考えられる.このようなことは,「同時性バイアス」,または「内生性」と呼ばれる.この場合には,どちらかが原因でどちらかが結果であるという単純な構造にはない.住宅価格が高いところでは住宅を購入することが難しいので,周辺の地域で住宅を買うようになってしまうといった現象が起こる.また,大規模店舗の出店にあたっては,人が集積する土地の価格が高いところに出店したいと考えるのではなく,土地が安いところに出店したいと考えることになる.

分析を進めていく場合において,因果関係を見いだし,その法則性から予測をしたいと思った場合には,「回帰分析」と呼ばれる手法を用いることになる.一方で,異なる現象間で関係があるのかないのか,その強さはどの程度であるのか,といったことを調べたいと思ったときには,相関関係(correlation)を見いだし,相関係数という統計量を観察することで理解することができる.

本章では,まず相関関係を表す統計量である共分散と相関係数についての計算方法と読み方を学習する.

7.2 相関係数を計算する

7.2.1 相関係数の種類

一般に,経済市場を分析する際に,相関係数を計算することは少なくない.しかし,相関係数を用いた分析事例のなかには,多くの誤用,間違った分析がなされていることが少なくない.その誤用の原因としては,二つの種類に分けることができる.

・適切に統計量を求めることができていない．
・分析対象に関する固有の専門知識が欠如していることで，得られた統計量を正確に解釈できない．

前者の問題は，その統計量がどのように計算されているのかを知ることで，多くの場合において，その誤用を避けることができる．平均値は，異常値または外れ値が存在することで，代表性を失うことを学んだ．分析や標準偏差は，平均値に大きく依存する統計量であるために，平均値が代表性を失うときには，これに統計量が大きくぶれることを学んだ．相関係数もまた同様であり，適切な手続きで計算をしなければ誤った統計量が計算されてしまう．

後者の問題に関しては，後述したい．

以下，相関係数およびその計算の基本となる共分散に関して計算方法を学習する．

実は，相関係数には，いくつかの種類がある．一般に相関係数には，次の五つの種類のものがある．

・ピアソンの積率相関係数(Peason's product-moment correlation coefficient)
・順位相関係数(rank-correlation coefficient)
・自己相関係数(auto-correlation coefficient)
・系列相関係数(serial correlation coefficient)
・自己空間相関係数・相互空間相関係数(spatial correlation coefficient)

なかでも頻繁に利用されるのがピアソンの積率相関係数であり，一般に相関係数というときには，これが該当する．ここでは，積率相関係数を中心として学習を進める．

7.2.2 共分散

相関係数を求める前に，共分散の計算方法から学習しておこう．ここでは，表7.1のデータを用いて，数値例として理解を進めよう．表7.1では，最寄り駅までの距離(分)[*1] と 1m^2 あたりの住宅地の価格に関して示したものである．

図7.1は，両者の関係を見たものであるが，駅からの距離(X)が大きくなる

[*1] 徒歩何分か：徒歩1分 = 80 m である．2.2節参照．

7.2 相関係数を計算する

表 7.1 分散と共分散の計算

X：駅距離	X_1 駅距離(分)	X_2 偏差	X_3 偏差^2	X_4 偏差$/\sigma$	Y：価格	Y_1 価格(万円/m^2)	Y_2 偏差	Y_3 偏差^2	Y_4 偏差$/\sigma$
x_1	1	−9.5	90.3	−1.6	y_1	70.5	13.3	176.5	1.8
x_2	2	−8.5	72.3	−1.4	y_2	66.0	8.8	77.1	1.2
x_3	3	−7.5	56.3	−1.3	y_3	67.7	10.5	110.2	1.5
x_4	4	−6.5	42.3	−1.1	y_4	65.0	7.8	60.6	1.1
x_5	5	−5.5	30.3	−0.9	y_5	65.6	8.4	70.1	1.2
x_6	6	−4.5	20.3	−0.8	y_6	61.0	3.8	14.3	0.5
x_7	7	−3.5	12.3	−0.6	y_7	61.0	3.8	14.3	0.5
x_8	8	−2.5	6.3	−0.4	y_8	60.0	2.8	7.7	0.4
x_9	9	−1.5	2.3	−0.3	y_9	58.0	0.8	0.6	0.1
x_{10}	10	−0.5	0.3	−0.1	y_{10}	57.0	−0.2	0.0	0.0
x_{11}	11	0.5	0.3	0.1	y_{11}	58.8	1.6	2.5	0.2
x_{12}	12	1.5	2.3	0.3	y_{12}	52.0	−5.2	27.2	−0.7
x_{13}	13	2.5	6.3	0.4	y_{13}	53.0	−4.2	17.8	−0.6
x_{14}	14	3.5	12.3	0.6	y_{14}	51.0	−6.2	38.7	−0.9
x_{15}	15	4.5	20.3	0.8	y_{15}	52.9	−4.3	18.3	−0.6
x_{16}	16	5.5	30.3	0.9	y_{16}	50.2	−7.0	49.2	−1.0
x_{17}	17	6.5	42.3	1.1	y_{17}	50.0	−7.2	52.1	−1.0
x_{18}	18	7.5	56.3	1.3	y_{18}	49.0	−8.2	67.5	−1.1
x_{19}	19	8.5	72.3	1.4	y_{19}	47.5	−9.7	94.4	−1.4
x_{20}	20	9.5	90.3	1.6	y_{20}	48.1	−9.1	83.1	−1.3
m：平均	10.5	0.0	33.3	0.0	m：平均	57.2	0.0	49.1	0.0
σ：標準偏差			5.9	1.0	σ：標準偏差			7.2	1.0

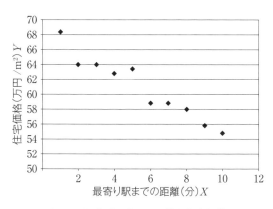

図 7.1 最寄り駅までの距離と住宅価格

なかで，住宅価格(Y)が低下していく様子がわかる。つまり，Xの増加はYの低下につながることから，両者の間には「負の関係」があるのである。

それでは，どの程度の強さの関係があるのか，これを統計学では「共変関係」というが，共分散を求めることで調べてみよう。共分散の計算は，平均値および分散の計算から出発すると理解しやすい。

もう一度，平均値(第3章)と分散(第5章)の計算方法を思い出してみよう。算術平均(m_x)は，式(7.1)のように表現されていた。

$$m_x = \frac{1}{n}\sum_{i=1}^{n} x_i \tag{7.1}$$

つまり，各データx_iをすべて足して，それをデータの数nで割ることで求めることができた。表7.1でいえば，X_1とY_1の列にある20個のデータをすべて足して，$n=20$で割ることで求めることができる。

この式を出発点として，分散は式(7.2)のように定義される。

$$\sigma^2 = \frac{1}{n}\sum_{i=1}^{n}(x_i - m_x)^2 \tag{7.2}$$

各データx_iから平均値m_xを引いたものを「偏差」と呼ぶ。これは，各値と平均値との乖離であり，$(x_i - m_x)$として計算される。式(7.1)と式(7.2)の違いを見ると，合計する対象がx_iから偏差$(x_i - m_x)^2$に変わっているという点である。そうすると，分散とは，「偏差の2乗をすべて足し上げてnで割った値である」となる。

続いて共分散である。式(7.2)を書き換えると，偏差の2乗ということは，$(x_i - m_x)$を2回かけるということに他ならない。そうすると，式(7.3)のようになる。

$$\sigma^2 = \frac{1}{n}\sum_{i=1}^{n}(x_i - m_x)(x_i - m_x) \tag{7.3}$$

XとYの共分散(covariance)の計算は，二つの異なる事象間でのばらつきの関係を見るために，

$$\text{Cov}(x, y) = \frac{1}{n}\sum_{i=1}^{n}(x_i - m_x)(y_i - m_y) \tag{7.4}$$

のように計算することになる。つまり，分散が$(x_i - m_x)(x_i - m_x)$としてxの偏差の2乗和をnで割っていたのに対して，共分散はXの偏差$(x_i - m_x)$とY

7.2 相関係数を計算する

の偏差$(y_i - m_y)$の積の合計をnで割ることによって求められる。

また，復習となるが，標準偏差は，

$$\sigma = \sqrt{\sigma^2} = \sqrt{\frac{1}{n}\sum_{i=1}^{n}(x_i - m_x)^2} \tag{7.5}$$

として計算できた。つまり分散の平方根をとったものである。しかし，一般的には，分散または標準偏差は，$\sigma^2 = \frac{1}{n-1}\sum_{i=1}^{m}(x_i - m_x)^2$または$\sigma = \sqrt{\frac{1}{n-1}\sum_{i=1}^{m}(x_i - m_x)^2}$として，$n$ではなく$n-1$によって割ることになる。分散や標準偏差を計算するなかで平均値を用いる。この平均値は，母集団平均の「推定値」である。つまり，一つ拘束条件が追加されると考える。このような場合には，拘束条件が一つ追加されたことで自由度を一つ失うといい，nではなく，自由度を一つ失った$n-1$で割ることによって求められるのである。しかし，この平均値が推定値ではなく，母集団のすべてを観測して求めた統計量であれば，nで割って求めることになる。

表7.1を用いて，計算手続きを確認してみよう。

ここで，xの偏差である$(x_i - m_x)$に注目してみると，その合計(そのため平均もそうであるが)が0になることが確認できる。そして，その偏差の2乗の平均，つまりX_3列とY_3列の平均が分散となる。ここでは，偏差の2乗和をnで割った値として計算されている。一方，標準偏差については，次の相関係数を求めていくために，$n-1$で割った値として計算している。つまり，$\sigma = \sqrt{\frac{1}{n-1}\sum_{i=1}^{m}(x_i - m_x)^2}$として計算したものとなる。

このような準備をもとに，共分散を計算しよう。

表7.2は，X_2とY_2の積が第3列に計算されている。その合計をnで割った値が，-39.473として求められている。このように計算した共分散を概念的に整理すると，「最寄り駅までの距離または住宅価格のいずれかの変数が大きくなれば(小さくなれば)，もう一方の変数も大きくなる(小さくなる)」という共変関係が強くなれば，ここで計算される絶対値は大きくなる。具体的には，最寄り駅からの距離が大きくなるほど住宅価格が高くなるという共変関係が成立すれば，偏差の積が正となる観測対象の比率が上昇し，逆に最寄り駅ま

表 7.2 共分散と相関係数の計算

X：駅距離	Y：価格	$X_2 \times Y_2$	$X_4 \times Y_4$
x_1	y_1	-126.214	-2.967
x_2	y_2	-74.654	-1.755
x_3	y_3	-78.726	-1.851
x_4	y_4	-50.588	-1.189
x_5	y_5	-46.064	-1.083
x_6	y_6	-17.023	-0.400
x_7	y_7	-13.240	-0.311
x_8	y_8	-6.957	-0.164
x_9	y_9	-1.174	-0.028
x_{10}	y_{10}	0.109	0.003
x_{11}	y_{11}	0.789	0.019
x_{12}	y_{12}	-7.826	-0.184
x_{13}	y_{13}	-10.543	-0.248
x_{14}	y_{14}	-21.760	-0.512
x_{15}	y_{15}	-19.245	-0.452
x_{16}	y_{16}	-38.595	-0.907
x_{17}	y_{17}	-46.912	-1.103
x_{18}	y_{18}	-61.629	-1.449
x_{19}	y_{19}	-82.596	-1.942
x_{20}	y_{20}	-86.613	-2.036
m：平均		-39.473	-0.977

での距離が大きくなるほどに住宅価格が低くなるという共変関係が成立すれば，偏差の積が負となる観測対象が上昇することになる．そのような関係が存在するために，偏差の積の絶対値は，共変関係が強くなるほどに大きくなるという傾向にある．

　それでは，共分散は絶対値が大きくなるほどに共変関係が強いことが理解されたとし，どの程度の水準であれば，共変関係が強い・弱いといえるのかという問題が発生する．弱いという基準については0をベースとして考えればいいが，相対的な問題ではなく絶対的な問題として比較したくなる．そこで，単位を基準化して統計量として求めてみよう．

7.2.3 相関係数

　はじめに，基準化(standardization)という手続きを行う．基準化とは，各観測値から平均値を引き，標準偏差で割ったものであり，「最寄り駅までの距離」

と「住宅価格」をそれぞれ次のように計算する。

$$Z_x = \frac{x_i - m_x}{\sigma_x}, \quad Z_y = \frac{y_i - m_y}{\sigma_y} \tag{7.6}$$

表 7.1 に戻ると，X_4 列と Y_4 列に，式 (7.6) として計算したものがある。つまり，x の偏差 $(x_i - m_x)$ および y の偏差 $(y_i - m_y)$ をそれぞれの標準偏差 (σ_x, σ_y) で割っている。

その平均と標準偏差に注目していただきたい。基準化をすると，どのような単位であったとしても，平均が 0，そして標準偏差が 0 となっている。X の平均値が 10.5，Y の平均値が 57.2 と 5 倍以上の乖離があったとしても，標準化をすると平均が 0，標準偏差が 1 に統一されていることがわかるであろう。

共分散から出発し，**相関係数**(correlation coefficient) は，次のように定義される。

$$r(x, y) = \frac{1}{n} \sum_{i=1}^{n} \frac{x_i - m_x}{\sigma_x} \cdot \frac{y_i - m_y}{\sigma_y} \tag{7.7}$$

そうすると，表 7.2 では，X_4 と Y_4 の積が第 4 列に計算されている。その合計を $n-1$ で割った値が，-0.977 として求められる。これが「相関係数」である。

7.3 相関分析

7.3.1 相関係数の解釈

相関係数が何パーセントであれば，強い相関であるといえるのであろうか。この問題は，それぞれの固有技術の問題として，それぞれの分野で，または分析対象によって異なるものである。さらには，分析者が当初に想定していた予想にも依存する。

価格指数の理論に基づけば，またはミクロ経済学の教科書によれば，価格が上昇すれば取引数量は減少するものと考えられている。そのため，需要曲線は右下がりとなる。そのような前提のもとで，価格と数量との関係を分析したときに，二つの間の相関係数が -0.3 として計算されたとしよう。本来であれば，両者の間には強い関係があると思って分析していたとすれば，「両者の間には

明確な関係が見出すことができなかった」というコメントをするであろう。この分析者は，両者の間に1に近い関係を想定していたかもしれない。

住宅価格の動向と取引量を分析したときには，相関係数が0.3と計算されたとしよう。カップヌードルなどの商品では価格が上昇すると売上数量が低下するという傾向が見られるものの，土地価格が上昇する局面では取引量も増加していく傾向があることは，実務経験的には，または感覚的には理解できたとしても，通常考えられていることとは逆の結果になっている。そうすると，「両者の間には，一定程度の正の相関が見受けられる」とコメントするかもしれない。実務経験的に両者の間には正の相関があるということは知っていても，理論的には負の相関を持つはずだという認識のもとでのコメントである。

また，九州の野菜の価格の変化と東京の物価との間の相関係数が+0.3であったとしよう。この場合は，もともと想定していない二つの事象間での関係がわかったということで，「九州の野菜の価格と東京の物価との間には一定の相関関係がある」とコメントするであろう。

このように，相関係数を用いて分析を進めていく際には，分析を進めるなかで想定している前提によって，その解釈が変化していくのである。

7.3.2 相関マトリックス

相関係数は，「二つ」の異なる事象間での関係を分析するものである。しかし，三つ以上の事象間での比較も，相関マトリックスと呼ばれる分析表を作成することで調べることができる。

表7.3は，都市別の家賃と地域指標との関係を見たものである。一列目と一行目に同じ指標が並んでいる。そのため，対角線上には，同じ指標同士の相関を見ているために，相関係数が「1」となっていることが理解できよう。そして，それぞれの二つの組み合わせの相関係数が並んでいる。対角線をもとに，同じ組み合わせがそれぞれ二つずつ出てくることから，片方の相関係数を消去してみるのが一般的である。このような形で整理されたものを，**相関マトリックス**または**相関行列**と呼ぶ。

ここで，表7.3をもとに解釈してみよう。

家賃は，人口集中地区人口（DID 人口）密度とは+0.786，1人あたり課税対

7.3 相関分析

表 7.3 共分散と相関係数の計算

	Y	X_1	X_2	X_3	X_4	X_5	X_6	X_7	X_8
Y	1.000	0.037	0.507	0.507	0.786	0.724	-0.485	0.683	0.894
X_1	0.037	1.000	-0.176	0.272	-0.101	-0.021	-0.085	-0.104	0.011
X_2	-0.507		1.000	-0.807	-0.550	-0.598	0.316	-0.236	-0.531
X_3	0.507			1.000	0.430	0.417	-0.295	0.330	0.457
X_4	0.786				1.000	0.808	-0.448	0.508	0.854
X_5	0.724					1.000	-0.357	0.530	0.824
X_6	-0.485						1.000	-0.152	-0.470
X_7	0.683							1.000	0.740
X_8	0.894								1.000

Y：家賃，X_1：空家率，X_2：持家率，X_3：単身世帯比率，X_4：DID 人口密度，X_5：人口密度，X_6：人口社会増加数，X_7：1 人あたり課税対象所得，X_8：公示地価住宅地平均

象所得とは $+0.683$，単身世帯比率とは $+0.507$ と強い正の相関関係を持っている．一方，人口の社会増加数(その年に流入してくる人口から移転している人口を引いたもの)とは -0.485，持家率とは -0.507 と負の相関関係を持つ．

このような関係をどのように解釈したらいいのであろうか．人口の社会増が多いところでは住宅のストックが一定とすれば賃料市場が逼迫するために賃料水準が高くなることが予想される．しかし，負の関係にある．ここで，人口の社会増加数は，人口の集積指標とも負の相関関係を持っていることに着目する必要がある．人口の集積が高い大都市部において，人口が減少傾向にある．つまり，家賃は，人口の集積が進むほど高くなるという正の相関関係を持ち，人口の集積地域においては総じて人口減少傾向にあるために，人口の社会増加数と家賃とは負の相関関係にあると解釈できる．

一方，家賃と持家率の間には -0.507 といった負の相関関係があるが，そのことから賃料水準と持ち家率との間に因果関係があるといえるだろうか．

持家率については土地価格水準(X_8)と -0.531 と負の相関関係を持っている．つまり土地価格水準が高い地域においては，住宅取得能力との比較において貸家を選択せざるを得ないといった構造が浮かび上がる．家賃は，土地価格(X_8)と 0.894 と強い相関関係を持っており，持家率と -0.507 と負の相関関係を持つ．さらに単身世帯比率と $+0.507$ と正の相関関係があるが，単身世帯比率は持家率と -0.807 と強い相関関係を持つ．単身世帯は賃貸住宅を選択する

という傾向が経験的に理解されるが，統計量を用いた客観的な基準においても確認されたといえよう．つまり，単身世帯率と家賃との間で，正の相関を持つという関係は，持家率と土地価格水準という変数が介在しているといった複雑な相関関係から説明されるのである．

このような家賃と地域指標との関係を整理したものが，図 7.2 である．このような図をパス図というが，複数の変数間で複雑な関係があったとしても，それぞれの指標間の関係を視覚的に見ることできるために，上記の理解を容易にしてくれる．

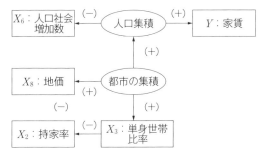

図 7.2 パス図：住宅家賃と地域指標との関係

7.4　相関分析の注意点

経済市場で起こる現象は，多くの場合で単独で起こることはなく，様々な事象が複雑に関係を持ちながら発生している．そのような関係には，原因と結果，つまり因果関係が明確な現象もあれば，因果性は不明確であるが(つまり方向性はわからないが)，関係があるかないかを調べることは，分析の出発点として最初に行う分析行為の一つである．

関係の有無を調べる統計量としては，共分散と相関係数がある．このような統計量を用いて分析をしていくなかでは，「見せかけの相関」をしっかりと見極めていかなければならない．

「見せかけの相関」問題を回避するためには，二つの専門知識が必要とされる．

第一が，共分散，相関係数といった統計量の計算手続きに関する知識である。一連の説明を通じて，共分散，相関係数は，それぞれの変数の偏差から出発する。偏差は，それぞれの値からそれぞれの平均値を引いた値となるが，平均値の信頼性がこれに指標の信頼性に大きく依存していることが理解できたであろう。そのため，平均値の信頼性を揺るがすような外れ値，異常値が存在する場合には，共分散，相関係数の値に大きな影響をもたらすことになる。異常値の存在が，本来は，相関関係が存在しない事象間でも，相関があるがごとく示してしまうことは少なくない。

　第二に，分析対象としている固有分野の専門知識が要求される。高い相関関係が発見されたとしても，その二つの事象か本当に関係があるのか。一見，相関関係があるように見える現象でも，両者の間に何か介在した事象があって，二つの事象間で間接的に関係があるがごとくに見えていることがある。むしろ，そのような状況になっていることもしばしば見受けられる。

　この問題を回避するためには，その分析対象としている固有分野に対して精通していなければならない。相関係数が高い値を示していても，その解釈をするだけの専門性が重要になってくるのである。つまり，統計分析を行う前提には，その分野での高い専門性が大切であり，統計分析はそれを補助する手段の一つに過ぎないということを強く認識しておく必要がある。

　前章までの学習においては，平均値や中央値または分散，標準偏差などの一変量の場合の統計量に関して学習してきた。しかし，その分析対象が二変量になった段階で，分析の難易度が一気に高くなっていく。その難易度とは，統計知識としての難易度ではない。その分析対象の固有の分野での高い専門知識が必要になってくるのである。それは，二変量から三変量に，さらには多くの変数を扱う多変量へと増加していくにつれて，より高い専門性が要求されるようになる。

　今回の分析例でも示したように，得られた統計量をどのように分析し，その裏側にある構造を浮き彫りにしていくことが重要となる。統計分析手段が高度化するほどに，計算機の性能が高くなるにつれて，経済学・社会学の理論的な知識や市場分析能力を，より一層研ぎ澄ましていく必要があるのである。

第8章

因果関係を測定する
―― 単回帰分析の係数導出

　経済市場の分析においては，その法則性を定義したモデルに基づく線形モデルが与えられたときに，そのモデルの係数の値をデータから推計することから出発する。具体的には，消費の量が可処分所得の大きさによって決定されるといった消費関数が与えられたとすれば，所得の増加がどの程度の消費の増加をもたらすのかといったことを調べるために，その係数の大きさを求めることになる。

　また，住宅市場においては，「最寄り駅までの距離」が増加するにつれて，または「建築後年数」が増加するにつれて，住宅価格が減価されるといった関数が与えられたとすれば，それぞれの変数の増加がどの程度，住宅価格の減少に影響をもたらすのかといった係数の大きさを求めることは，住宅市場に参加した消費者だけでなく，住宅を供給する所有者やその仲介を行う専門家にとっても重要な情報になりうる。

　このような現象を分析するための統計技術が，「回帰分析」である。そして，その係数の導出方法としては，「最小二乗法」と呼ばれる手法が用いられることが一般的である。

　前章では，共分散，相関係数を学習した。これらの統計量は，「相関関係」の有無を求めるための統計量であった。回帰分析によって求められる統計量と相関分析によって求められる統計量は，同じような分類に所属しているように思われる。しかし，相関分析と回帰分析では，その背後にある思想や統計量の計算方法においてまったく異なるものである。相関分析は，どちらが原因でどちらが結果かはわからないものの，両者の間に「正の関係」，「負の関係」があるかどうかといったことを調べることを主眼に置く。

　このように，強い仮説もなくデータ間の関係の有無をできるだけ広範囲に調

べていこうとする分析は，**探索的分析**と呼ばれる。一方，回帰分析は，あるモデルによって想定された，原因と結果の因果関係の有無を調べる。このような仮説に基づいて統計量を求めていく方法は，**検証的分析**と呼ばれる。

　経済市場を分析する場合においては，一般的に検証的分析が行われることが多い。経済学の枠組みで関数が与えられているために，そのような理論体系の中で与えられた因果関係を検証していくということに主眼が置かれるためである。しかし，実際の市場分析においては，経済学が示すモデルだけで説明されることばかりではないため，探索的な分析も用いられることも多い。本章では，回帰分析を行う場合に，もっとも利用されている最小二乗法について学習する。

　このような回帰分析によって求められたモデルは，市場分析において様々な応用分野がある。市場予測に用いられたり，政策シミュレーションなどにも利用されている。多くの重要な意思決定に利用されることから，その推計値の信頼性は，他の統計量と比較してもより慎重に精査されなければならない。その意味で，回帰分析のなかで求められる各種係数がどのように計算されるのかを学習することの意義は大きい。

8.1　直線の当てはめ：最小二乗法

　ここでは，前章の「相関関係」を学んだときに利用した住宅価格データ（表7.1）を用いて学習しよう。

　私たちが住宅を購入しようとしたときに，住宅情報誌やインターネットなどで，住宅に関する情報を収集することからはじめる。そうすると，そのような情報誌やインターネットでは，住宅価格とともに，最寄り駅までの距離や都心までの接近性，指定容積率や建ぺい率などの規制に関する情報が掲載されている。このような住宅の「価格形成要因」は，多くの地域で共通している要因と用途や地域により異なるものがある。

　たとえば，首都圏を中心とした大都市圏では地下鉄やその他の鉄道の最寄り駅までの距離がきわめて重要な要因であるが，地方都市に行くと地下鉄や鉄道がない地域が多い。地域によって重要な要因は異なり，入手できる情報量も異

なることが多い。

しかし，もし住宅の価格形成要因を定量的に把握することができれば，価格形成要因と価格との関係を分析することで，住宅価格を予測することが可能となる。このような問題を考えることができる代表的な統計的手法の一つに回帰分析(regression analysis)が挙げられる。

回帰分析は，統計的手法のなかでも頻繁に利用される手法の一つであり，計量経済学を含む応用統計学のなかでもっとも重要な道具である。そのために，回帰分析の基礎をしっかりと学習しておくことの意義は高い。

都市圏の住宅市場を対象とした場合，住宅の価格形成要因のうちもっとも重要な変数の一つとして「最寄り駅までの距離」が挙げられることに異論はないであろう。本章では説明変数を一つに限定したときの回帰分析(単回帰分析)を見ていこう。

このようなデータが与えられたときには，前回の相関分析の学習でも見たように，二つの変数との間の関係を観察するために，図示化することからはじめる。ここでの仮説は，駅から離れるに従い価格が低下していくというものである。

この関係を観察したのが，図8.1である。視覚的には，駅から離れるに従い価格が低下していく様子が観察される。

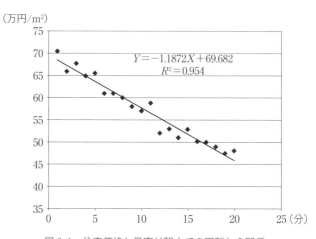

図8.1　住宅価格と最寄り駅までの距離との関係

8.1 直線の当てはめ：最小二乗法

図8.1には，コンピューターソフトウェアの機能を用いて，二つの間の関係に，直線を当てはめた結果として，$Y = -1.1872X + 69.682$ という式が記載されている。これは，縦軸である住宅価格と横軸の最寄り駅までの距離との関係を数学的に表現したものであるが，-1.1872 は図8.1における傾きを意味し，69.682 は切片の高さを示唆している。それでは，このような線はどのように当てはめ，二つの係数はどのように求めることができるのかを，以下学習していきたい。

どのように当てはめるかといった基準としては，直感的には現実の住宅市場を的確に反映しているということになるが，統計的には当てはめられる直線と観測値との間の誤差が最小となるように計算されることが望ましい。

ここで，予測される住宅価格を $\widehat{Y}$ としたときに，最寄り駅までの距離 X との間にどのように関係があるのかを，$\widehat{Y} = \alpha + \beta X$ として表す。

そうすると，実際に取引された住宅価格を（これを観測値と呼ばれる）Y とすると，その観測値に対して直線上で当てはめられた値 $\widehat{Y}$ との差となる $Y - \widehat{Y}$ が最小となるように当てはめることになる。次の段階では，$Y - \widehat{Y}$ について，どのような基準を選択すべきかという問題となるが，数学的には $\sum (Y - \widehat{Y})^2$ を最小とする基準が用いられる。この基準は，**最小二乗基準** (ordinary least square, OLS) と呼ばれるものである[*1]。また，最小二乗基準を用いる回帰分析を**最小二乗法**と呼ぶ。

ここで，表8.1のデータを用いて，最小二乗法により $\widehat{Y} = \alpha + \beta X$ の α および β を求めてみよう[*2]。

●**手順1：X を平均分移動させる**　　$x = X - \overline{X}$ として定義する。そのため，その合計は0となるため数学的な扱いが容易となる（$\sum x = 0$）。

●**手順2：各係数の導出**

α の導出：　図8.1のように直線を当てはめる。ここでは，最小二乗基準を満足させるように α, β を求める。

具体的には，$\min \sum (Y_i - \widehat{Y}_i)^2$ を目的とするが，$\widehat{Y}_i = \alpha + \beta X_i$ であるために

[*1] 最小二乗基準は，2乗することで符号問題を解決するとともに，代数的に扱いやすいことに加え，正規型の回帰モデルの最尤法という理論的根拠を持つといった優位性を持つ。
[*2] ここでの手順は，Wonaccott and Wonaccott (1981)[24] による。

表 8.1 単回帰係数の求め方

id	X：駅距離(分)	Y：単価(万円/m²)	$x = (X_i - \overline{X})$	xY	x^2
1	1.00	70.50	-9.50	-669.78	90.25
2	2.00	66.00	-8.50	-561.00	72.25
3	3.00	67.71	-7.50	-507.85	56.25
4	4.00	65.00	-6.50	-422.50	42.25
5	5.00	65.59	-5.50	-360.76	30.25
6	6.00	61.00	-4.50	-274.50	20.25
7	7.00	61.00	-3.50	-213.50	12.25
8	8.00	60.00	-2.50	-150.00	6.25
9	9.00	58.00	-1.50	-87.00	2.25
10	10.00	57.00	-0.50	-28.50	0.25
11	11.00	58.79	0.50	29.40	0.25
12	12.00	52.00	1.50	78.00	2.25
13	13.00	53.00	2.50	132.50	6.25
14	14.00	51.00	3.50	178.50	12.25
15	15.00	52.94	4.50	238.23	20.25
16	16.00	50.20	5.50	276.10	30.25
17	17.00	50.00	6.50	325.00	42.25
18	18.00	49.00	7.50	367.50	56.25
19	19.00	47.50	8.50	403.75	72.25
20	20.00	48.10	9.50	456.95	90.25
合計	210.00	1,144.34	0.00	-789.46	665.00
平均*	10.50	57.22	0.00	-39.47	33.25

$\min \sum (Y_i - (\alpha + \beta X_i))^2$ を最小とするように a, b を求めると書き換えることができる。この場合，数学的には，$\min \sum (Y_i - (\alpha + \beta X_i))^2$ を最小にするためには，α, β それぞれに対する偏微分が 0 に等しいと置く。つまり，次のような計算を行う。まず α について，

$$\frac{\partial}{\partial a} \sum (Y_i - (\alpha + \beta X_i))^2 = 0 \tag{8.1}$$

$$\Rightarrow \sum 2(-1)(Y_i - (\alpha + \beta X_i)) = 0$$

$$\Rightarrow \sum Y_i - n\alpha - \beta \sum x_i = 0 \tag{8.2}$$

となる。ここで，表 8.1 の第 4 列からもわかるように $\sum x_i = 0$ であるため，$\alpha = \frac{1}{n} \sum Y_i$ となる。つまり，第 3 列の平均として計算されるように，$\alpha = 57.22$ となる。

β の導出： 同様にして b について解く。

$$\frac{\partial}{\partial b} \sum (Y_i - (\alpha + \beta X_i))^2 = 0 \tag{8.3}$$

$$\Rightarrow \quad \sum 2(-x)(Y_i - (\alpha + \beta X_i)) = 0$$
$$\Rightarrow \quad \sum x_i Y_i - \alpha \sum x_i - \beta \sum x_i^2 = 0 \tag{8.4}$$

となる。これを整理すると，$\beta = \sum x_i Y_i / \sum x_i^2$ となり，$-789.46/665$ から $\beta = -1.187$ と求められる。

そうすると，ここで推定されたモデルは，$\widehat{Y} = 57.22 - 1.187x$ となる。

ここでは，数学的の理解が困難な場合でも，推定されるパラメータの意味を知っておくことが重要となる。

●手順3：回帰式としての推定　以上のように推定されたモデルは，手順1で $x = X - \overline{X}$ とした上で，計算した。そのため，基準を0に移すことが必要である。

そこで，$\overline{X} = 10.50$ 分のみ0方面にシフトさせる。つまり，$\widehat{Y} = 57.22 - 1.187(X - 10.50)$ から $\widehat{Y} = 69.68 - 1.187x$ となる。このように引かれた線が図8.1における直線である（切片が69.68であり，傾きが -1.187 となっていることを確認されたい）。

それでは，このような計算から何を学ぶべきであろうか。まず，切片 (a) の出発点は，Y の平均値であった。つまり，回帰分析においては，Y の平均を出発点として，各観測値の二つの変数の間にあるばらつきから傾向を読み取ろうとしていることがわかる。回帰とは，「平均に回帰する」ということを意味していることが理解できたであろう。そうすると，第3章でも理解したように，平均値を計算する際に異常値が混ざってしまうと，平均値の信頼性は大きく損なうことになる。この問題は回帰分析においても同様であり，推計された回帰係数の信頼度は，平均値の信頼度に依存しているということをしっかりと理解しておく必要がある。これは，β の傾きについても，X の平均値 $(\overline{X})$ の大きさ $(x = X - \overline{X})$ に依存していることから，X に異常値が存在してしまうと，その係数にも影響をもたらしてしまうことを認識しておこう。

8.2　単回帰モデルの信頼性

以上のように推定されたモデルを用いて予測を行う場合，その精度が問題と

なる。ここでは，大きく二つの精度・正確度に関する情報が必要となる。第一が，$Y = \alpha + \beta X$ というモデルが本当に意味があるのか，またはどの程度の説明力を持っているのかと言うことである。さらには，ここで計算された α または β がどの程度の信頼性を持っているのかということである。この問題については，以下の二つの方法で確認することができる。

8.2.1 説明力

以上のように最小二乗基準を満たすように直線として当てはめができた後には，どの程度当てはまっているかということが重要となる。

そこで，表8.2の第2列に当てはめられた直線から導かれる値を計算した。このように推定された値は，一般に**予測値**あるいは**理論値**($\widehat{Y}$)と呼ばれる。そして，第3列には実測値と理論値との乖離を計算している($Y - \widehat{Y}$)。このように計算された $Y - \widehat{Y}$ は，**残差**($\widehat{\mu}$)と呼ばれる。この残差もまた，合計値は0になる性質を持つ。

表8.2 回帰モデルの信頼度

id	$\widehat{Y} = \widehat{\alpha} + \widehat{\beta}x$	$(Y - \widehat{Y})$	$(Y - \widehat{Y})^2$	$(Y_i - \overline{Y})^2$	$(\widehat{Y}_i - \overline{Y})^2$
1	68.50	2.01	4.03	176.51	127.19
2	67.31	−1.31	1.71	77.14	101.83
3	66.12	1.59	2.54	110.18	79.28
4	64.93	0.07	0.00	60.57	59.54
5	63.75	1.85	3.41	70.14	42.63
6	62.56	−1.56	2.43	14.31	28.54
7	61.37	−0.37	0.14	14.31	17.26
8	60.19	−0.19	0.03	7.74	8.81
9	59.00	−1.00	1.00	0.61	3.17
10	57.81	−0.81	0.66	0.05	0.35
11	56.62	2.17	4.71	2.49	0.35
12	55.44	−3.44	11.81	27.22	3.17
13	54.25	−1.25	1.56	17.78	8.81
14	53.06	−2.06	4.25	38.65	17.26
15	51.87	1.07	1.14	18.29	28.54
16	50.69	−0.49	0.24	49.24	42.63
17	49.50	0.50	0.25	52.09	59.54
18	48.31	0.69	0.47	67.52	79.28
19	47.13	0.37	0.14	94.42	101.83
20	45.94	2.16	4.67	83.12	127.19
合計	1,144.34	0.00	45.19	982.40	937.22
平均	57.22	0.00	2.26	49.12	46.86

8.2 単回帰モデルの信頼性

このような一点ごとの乖離とともに，推定されたモデル全体の説明力を把握したい。この目的に利用されるのが，**決定係数**(coefficient of determination)という指標である。まず，推定されたモデルから，次のように分類することができる。

$$Yの全変動：\sum(Y_i-\overline{Y})^2 = \sum(\widehat{Y}_i-\overline{Y})^2 + \sum\widehat{u}^2 \quad (8.5)$$

つまり，Yの全変動は，$\widehat{Y}$で説明された部分$\sum(\widehat{Y}_i-\overline{Y})^2$とされなかった部分($\sum\widehat{u}^2$)に分割される。このような性質に着目し，決定係数は，次のように定義される。

$$決定係数：R^2 = \frac{\sum(\widehat{Y}_i-\overline{Y})^2}{\sum(Y_i-\overline{Y})^2} \quad (8.6)$$

決定係数は，表 8.2 においては，第 5 列目および 6 列目から $937.22 \div 982.40 = 0.954$ として計算される。決定係数については第 11 章も参照してほしい。

8.2.2 回帰分析の信頼性：t 値

以上の一連の手続きは，数学的に直線を当てはめただけであった。しかし，このように計算した回帰係数を使って，様々なビジネスの分野で利用しようとしたときには，標本が抽出されたもとの母集団を推測することが求められる。この数値例で見た「住宅価格」と「最寄り駅までの距離」において，最寄り駅の距離が設定されたときに，完全に一致した住宅価格が求められるといったことは想定しづらい。この住宅価格においては，統計的な誤差が存在すると考えた方が自然である。そこで，確率の概念を導入する必要がある($p(Y_i|x_i)$)。ここで，確率変数 Y_i は，平均値 $\alpha+\beta x_i$，分散 σ^2 を持ち，統計的には独立であるとする。

そうすると，真の回帰直線は未知であるために，推定される回帰直線は誤差 ε_i を持つ。そうすると，$Y_i = \alpha + \beta x_i + \varepsilon_i$，と書き換えることができ，$\varepsilon_i$ の平均値は 0 であり，分散 σ^2 を持つ独立な確率変数となる。

このような整理に基づき，**t 値**というものを導入することで，信頼区間を求めたり，仮説検定を行うことができるようになる。

t 値は，$t = \dfrac{\widehat{\beta}-\beta}{S_{\widehat{\beta}}}$ として定義される。ここで，$\widehat{\beta}$ は推定された β の値であ

り，$S_{\hat{\beta}} = \dfrac{\sigma}{\sqrt{\sum x^2}}$ は標準誤差と呼ばれる(σ：標準偏差)。

t 値を用いて，先に計算した回帰係数の 95% 信頼区間は，$\beta = \hat{\beta} \pm (t_{.025}) \dfrac{\sigma}{\sqrt{\sum x^2}}$ として定義される。表 8.2 を例にとれば，自由度は $20 - 2$ で 18 となり，t 分布表(付録参照)から 2.101 を得る。さらに，表 8.1 の第 6 列から $\sum x^2 = 665$ を，$\sigma^2 = (Y - \hat{Y}^2)/18$ であるため，表 8.2 の第 5 列から 45.19 を得ることから $\sigma^2 = 45.19 \div 18$ となり，σ はその平方根をとって 1.58 となる。そのように計算された値を代入することで，下記のように 95% 信頼区間を得ることができる。

$$\beta = -1.18 \pm 2.101 \dfrac{1.58}{\sqrt{665}} \tag{8.7}$$
$$\Rightarrow \quad -1.316 < \beta < -1.058$$

推定されたパラメータは，モデル全体の説明力を示す決定係数とともに，パラメータそのものの信頼区間を持つことから，推定されたパラメータだけから予測作業を行うにはリスクを伴うことを知っておく必要がある。

8.2.3 帰無仮説と t 検定

続いて，推定されたパラメータが 0 である確率について考える。つまり，たとえば β についての推定された値 $\hat{\beta}$ 自体に意味があるかどうかといった問題がある。このような場合には，仮説検定という手続きを行い，いわゆる**帰無仮説**(null hypothesis)と呼ばれるものを検定していく。ここでは，t 値を用いた仮説検定(***t* 検定**)の例を見ていこう(t 検定については 11.2 節も参照)。

具体的には，$\hat{\beta}$ が意味がない，つまり $\beta = 0$ であるかどうかについての帰無仮説を，$H_0 : \beta = 0$ と書く。

帰無仮説 H_0 を否定(棄却)する仮説を**対立仮説**(alternative hypothesis)と呼ぶ。

本章の事例では，「最寄り駅までの距離」が「住宅価格」に与える影響について検定を行うものであり，最寄り駅から離れるに従い土地価格の単価は逓減していくという仮説を持っていることから，片側対立仮説 $H_1 : \beta < 0$ に対して

検定を行う。

表 8.2 では，$\sum x^2 = 665$ であり，その平方根は 25.788，標準偏差 σ は 1.58 であることから，$1.58 \div 25.788$ で，標準誤差は 0.0614 となり，t 値は $-1.1870 \div 0614$ で -19.322 となる。このように求められた t 値は 2.5% の境界値を大きく越えることから帰無仮説は棄却され，対立仮説が採択される。つまり，ここで推定された β は 2.5% 水準で有意であることがわかる。

8.2.4 回帰分析の限界

回帰分析を実際の経済社会において適用しようとしたときには，いくつかの問題点に留意していかなければならない。

たとえば，回帰分析は，前述のように平均値を出発点としている。そうすると，平均値に差がある二つ以上の母集団から発生したデータを用いて分析をようとしたときには，それを区別して分析していかなければならない。図 8.2 では，二つの隣り合わせた駅における住宅価格と最寄り駅までの距離との関係を見たものである。そうすると，切片も傾きも明らかに異なる可能性がわかる。つまり，住宅価格において明らかに平均値に有意な差が存在しているのである。

このような場合には，層別化をして分析を進めるか，推計方法を工夫するの

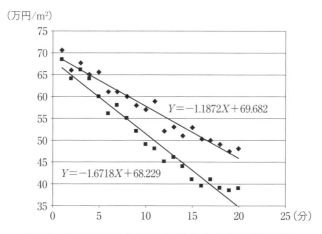

図 8.2 異なる地域 (層) での住宅価格と駅までの距離の関係

かといったことが求められる。この問題は，回帰係数の相当性テスト，または構造変化問題として次章において整理する。

8.2.5 外挿の危険

回帰モデルを実務で適用した場合，最も大きな問題の一つとして「外挿の危険」と呼ばれる問題がある。つまり，推定された回帰モデルでは，駅までの距離が1分から20分の間に対して推定したものであり，それを超えた段階で，推定されたような線形関係が保証されているとは限らない。

たとえば，極端な例では，推計された回帰式である $Y = -1.1877X + 69.682$ に60分という数字を代入した場合，$69.68 - (1.187 \times 60)$で$-1.54$万円とマイナスの値になってしまう。住宅価格がマイナスになることは，想定しにくい。このような例からわかるように，推計された X の範囲(これを内挿とよぶが)を超えて予測しようとした場合には，予測における危険が伴っていると言うことを認識しておくことが重要である。

8.3　回帰分析の応用

市場の構造が明確な経済分析やマーケティング実務では，単回帰分析はきわめて強力なツールでして利用されている。しかし，住宅市場はきわめて複雑であり，非常に多くの価格形成要因によって構成されている。特に，住宅価格は居住環境をはじめとする都市空間の外部性を強く受けるために，価格構造は複雑なものとなってしまう。そのため，単回帰分析といった単純な手法では，市場分析が難しいと考えられる。

このような問題は，都市全体の情報を用いて，価格形成要因を抽出しようとした場合に該当する。都市全体の情報を用いて価格形成要因分析をしようとすると，建築後年数，専有面積，最寄り駅までの距離，さらには最寄り駅から都心までの接近性，集合住宅であれば，開口部が南を向いているかどうか，何階にあるのか，構造は鉄筋コンクリートかどうかなどといった物件そのものに帰属する属性だけでなく，教育環境・育児環境・大気の汚染度や道路交通騒音の程度といった周辺の居住環境，さらには沿線による価格差なども考慮していか

なければならない。

　このような複雑な構造を分析するための統計手法としては，今回において学習した単回帰分析を出発点として重回帰分析と呼ばれる方法がある。

　多くの変数を扱うことができるようになると，より多層的な現象の構造解明が可能になる。このような分析を行うための出発点が単回帰分析であることから，その背後にある計算方法と併せて，実際の市場分析への応用においてどのような問題があるのかをしっかりと理解しておくことが重要である。

第9章

複雑な因果関係を測定する
── 重回帰分析の係数導出

多くの経済現象は，様々な活動の結果によって発生している。

また，私たちが経済活動の中で実施している様々な意思決定もまた，一つの要因に基づくだけでなく，様々な要因を考慮しながら判断をしている。このような現象を説明しようとしたときに，統計的には**多変量解析**と呼ばれる手法が適用される。その中でも，原因と結果，つまり「因果関係」を明らかにしようとした場合には，**重回帰分析**(multiple regression analysis)と呼ばれる手法を用いることになる。この重回帰分析と呼ばれる手法は，ビジネス活動の中で，もっとも頻繁に利用される統計分析の手法の一つであるといってもよいであろう。

重回帰分析は，分析のためのデータの入手がきわめて容易になるとともに，汎用的な統計分析のためのソフトウェアが利用できるようになるなかで，広く普及してきた。

このような傾向は，大学の統計学・計量経済学の教育の現場などでも見られる。20世紀までの統計学や計量経済学の教育においては，その理論的な背景を座学で学習することのほうが多かった。実際のデータを使った演習が限られていたことから，統計理論は理解したとしても，計算ができないという学生が大半であった。

しかし，近年においては，上述のように，データの入手の容易性と，表計算ソフトなどに回帰分析のツールが追加されるなど汎用的なソフトウェアの利用可能性が高まったことから，計算機を使った演習を中心とした講義が行われることが多くなった。この流れは，演習型の学習を増やしていこうとする大学の目標とも一致していたことから，多くの設備投資も行われてきた。

このような演習型の統計教育が普及する一方で，その弊害が出てきているこ

とも確かである。実際の統計量の導出は，何ら統計の知識がなくても計算機がしてくれる。そのため，その結果の背後にどのような計算が行われているのかといったことの理解が不足していることで，誤った計算結果や応用が行われることが増加してしまったのである。誤った手続きに基づく計算結果や応用が，卒業論文や修士論文，または博士論文などでも散見される数が増加してきているのである。

このような問題は，ビジネス社会にも持ち込まれていく。誤った知識のままで，大学が多くの学生を社会に送り出してしまうことで，ビジネスの現場でも，そのまま回帰分析などが利用されることで，誤ったビジネス上での判断をしてしまうことが少なくない。

本章では，このような問題意識のもとで，重回帰分析の基礎を，その統計量の導出を中心として学習する。

具体的には，前章での単回帰分析で用いたデータを拡張し，住宅価格の価格決定構造を明らかにしていくための簡単な分析例を示す。

9.1　直線の当てはめ：最小二乗法（重回帰の場合）

前章では，単回帰分析としての最小二乗法について学んだ。本章では，前章の数値例を拡張して，重回帰分析における回帰係数の導出方法を説明したい。前章との比較を容易にするために，同様のデータを用いて重回帰分析の係数の計算方法を紹介する。

私たちが住宅を購入しようとしたときには，一定の予算制約の中で，利便性と大きさを常に比較考量しながら決定していくであろう。たとえば，住宅価格は，通勤や通学がしやすいように，駅までの距離が近くなるほど高くなっていく傾向があるだろう。また，空間が限定されている都市部などでは，「面積」が大きくなるほどに価格は高くなっていくという傾向が強い。

ここで，住宅資金として5,000万円という予算制約があったとしよう。そのような場合では，駅に近いところで住宅を購入しようとすると，面積を犠牲にしてしまうことになる。より広い住宅を欲しいと思っている人は，駅から遠いところに住宅を購入することになってしまう。

表 9.1 駅までの距離(分)と面積(m^2)と住宅価格(万円/m^2)

id	X_i：駅距離	Z_i：面積	Y_i：単価	id	X_i：駅距離	Z_i：面積	Y_i：単価
1	1.00	215.00	70.50	11	11.00	210.00	58.79
2	2.00	205.00	66.00	12	12.00	180.00	52.00
3	3.00	200.00	67.71	13	13.00	190.00	53.00
4	4.00	200.00	65.00	14	14.00	190.00	51.00
5	5.00	200.00	65.59	15	15.00	180.00	52.94
6	6.00	195.00	61.00	16	16.00	180.00	50.20
7	7.00	190.00	61.00	17	17.00	190.00	50.00
8	8.00	200.00	60.00	18	18.00	195.00	49.00
9	9.00	195.00	58.00	19	19.00	195.00	47.50
10	10.00	195.00	57.00	20	20.00	200.00	48.10

表9.1には，前章の「最寄り駅までの距離」と住宅1平方メートルあたりの単位価格(「単価」)に加えて，住宅の面積を追加したデータを用意した．

前章の計算では，最寄り駅までの距離(X)と単価(Y)という単純な構造を想定し，単回帰分析として土地価格 Y と，2次元の平面上での直線上で当てはめられた値 $\hat{Y}$(予測値)との差となる $Y - \hat{Y}$ が最小となるように当てはめる基準を検討した．その方法としては，

$$Y = \alpha + \beta X \tag{9.1}$$

とした上で $\sum(Y_i - \hat{Y}_i)^2$ を最小とする方法としての最小二乗法(8.1節参照)により，α および β を導出した．

ここに，面積(Z)を追加してみよう．そうすると，次のように書き換えることができる．

$$Y = \alpha + \beta X + \gamma Z \tag{9.2}$$

この場合，2次元空間から3次元空間へと発展し，もっともよい当てはめができるような平面を探索することになる．ここでも，最小二乗法を採用する．前章同様に，計算を簡単化するために，$x = X - \overline{X}$($\overline{X}$ は X の平均)または $z = Z - \overline{Z}$($\overline{Z}$ は Z の平均)として，計算を進めよう．

●回帰係数の計算　最小二乗法により，回帰係数を計算したい．まず α は定数項と呼ばれ，平面と被説明変数，つまり，ここで予測をしたいと考えている住宅の1m^2あたりの価格となる単位価格(Y)との切片となる．一方，β および γ は回帰係数と呼ばれる．

まず，前章で学習したように，重回帰の場合も単回帰の場合と同様に，最小

9.1 直線の当てはめ：最小二乗法（重回帰の場合）

二乗推定量を求める場合には，

$$\sum (Y_i - \widehat{Y}_i)^2 \quad \text{ただし} \ \widehat{Y}_i = (\widehat{\alpha} + \widehat{\beta} x_i + \widehat{\gamma} z_i) \text{であるから，}$$
$$\sum (Y_i - (\widehat{\alpha} + \widehat{\beta} x_i + \widehat{\gamma} z_i))^2 \tag{9.3}$$

を最小にするような α, β, γ を推定すればよい。数学的には，前章で行った手続きと同様に，α, β, γ に関する偏微分係数を0とした上で，求められる。ここでは，その手続きは省略するが（詳細は，Wonnacott and Wonnacott (1981)[24]などを参照されたい），その結果として，次のような式が導かれる。

$$\widehat{\alpha} = \overline{Y} \tag{9.4}$$
$$\sum Y_i x_i = \widehat{\beta} \sum x_i^2 + \widehat{\gamma} \sum x_i z_i \tag{9.5}$$
$$\sum Y_i z_i = \widehat{\beta} \sum x_i z_i + \widehat{\gamma} \sum z_i^2 \tag{9.6}$$

これら三つの式は正規方程式と呼ばれる。

この正規方程式を数値例として解いたものが，表9.2となる。

まず定数項となる α については，式(9.4)から $\overline{Y}$，つまり Y の平均値である。表9.2では，第4列の最終行に55.72万円/m^{2}として求められている。

続いて，式(9.5)，式(9.6)から，β と γ を求める。ここで，式の読み方を再度確認しておこう。$\sum$ は，その列にあるすべての数字を足しなさいという総和の記号である。そうすると，式(9.5)の $\sum Y_i x_i$ であれば，8列目に計算されている Y と x の積を掛け合わせたものを，すべて足すということを意味している。その合計額は，-789.46である。それは，11列に計算されている x^2 の合計額である665と β の積と最終列に計算されている x と z の積の合計額である-547.5と γ の積との合計と等しくなる。式(9.6)についても，同様に表9.2から数値をとることができる。

このように求めた計算値から，式(9.5)，(9.6)は，下記のようになる。

$$\begin{cases} -789.46 = 665\widehat{\beta} - 547.5\widehat{\gamma} \\ 795.81 = -547.5\widehat{\beta} + 1{,}623.75\widehat{\gamma} \end{cases} \tag{9.7}$$

この簡単な連立方程式を解くと，

$$\begin{cases} \widehat{\beta} = -1.08479 \\ \widehat{\gamma} = 0.12433 \end{cases}$$

として求められる。

以上のように求めた数値を代入することで，

表 9.2　最小二乗法による直線当てはめ：2変量

	観測値					回帰係数						
id	X_i:駅距離 (分)	Z_i:面積 (m^2)	Y_i:単価 (万円/m^2)	$y_i = (Y_i - \bar{Y})$	$x_i = (X_i - \bar{X})$	$z_i = (Z_i - \bar{Z})$	$Y_i x_i$	$Y_i z_i$	y_i^2	x_i^2	z_i^2	$x_i z_i$
1	1.00	215.00	70.50	13.29	-9.50	19.75	-669.78	1,392.43	176.51	90.25	390.06	-187.63
2	2.00	205.00	66.00	8.78	-8.50	9.75	-561.00	643.50	77.14	72.25	95.06	-82.88
3	3.00	200.00	67.71	10.50	-7.50	4.75	-507.85	321.64	110.18	56.25	22.56	-35.63
4	4.00	200.00	65.00	7.78	-6.50	4.75	-422.50	308.75	60.57	42.25	22.56	-30.88
5	5.00	200.00	65.59	8.38	-5.50	4.75	-360.76	311.56	70.14	30.25	22.56	-26.13
6	6.00	195.00	61.00	3.78	-4.50	-0.25	-274.50	-15.25	14.31	20.25	0.06	1.13
7	7.00	190.00	61.00	3.78	-3.50	-5.25	-213.50	-320.25	14.31	12.25	27.56	18.38
8	8.00	200.00	60.00	2.78	-2.50	4.75	-150.00	285.00	7.74	6.25	22.56	-11.88
9	9.00	195.00	58.00	0.78	-1.50	-0.25	-87.00	-14.50	0.61	2.25	0.06	0.38
10	10.00	195.00	57.00	-0.22	-0.50	-0.25	-28.50	-14.25	0.05	0.25	0.06	0.13
11	11.00	210.00	58.79	1.58	0.50	14.75	29.40	867.22	2.49	0.25	217.56	7.38
12	12.00	180.00	52.00	-5.22	1.50	-15.25	78.00	-793.00	27.22	2.25	232.56	-22.88
13	13.00	180.00	53.00	-4.22	2.50	-5.25	132.50	-278.25	17.78	6.25	27.56	-13.13
14	14.00	190.00	51.00	-6.22	3.50	-5.25	178.50	-267.75	38.65	12.25	27.56	-18.38
15	15.00	180.00	52.94	-4.28	4.50	-15.25	238.23	-807.34	18.29	20.25	232.56	-68.63
16	16.00	180.00	50.20	-7.02	5.50	-15.25	276.10	-765.55	49.24	30.25	232.56	-83.88
17	17.00	190.00	50.00	-7.22	6.50	-5.25	325.00	-262.50	52.09	42.25	27.56	-34.13
18	18.00	195.00	49.00	-8.22	7.50	-0.25	367.50	-12.25	67.52	56.25	0.06	-1.88
19	19.00	195.00	47.50	-9.72	8.50	-0.25	403.75	-11.88	94.42	72.25	0.06	-2.13
20	20.00	200.00	48.10	-9.12	9.50	4.75	456.95	228.48	83.12	90.25	22.56	45.13
合計	210.00	3,905.00	1,144.34	—	—	—	-789.46 (S_{1y})	795.81 (S_{2y})	982.40 (S_{yy})	665.00 (S_{11})	1,623.75 (S_{22})	-547.50 (S_{12})
平均	10.50	195.25	57.22	—	—	—	-39.47	39.79	49.12	33.25	81.19	-27.38

$$\begin{cases} -789.46 = 665\hat{\beta} - 547.5\hat{\gamma} \\ 795.81 = -547.5\hat{\beta} + 1,623.75\hat{\gamma} \end{cases} \quad \begin{array}{l} \hat{\beta} = -1.08479 \\ \hat{\gamma} = 0.12433 \end{array}$$

$\hat{Y} = \hat{\alpha} + \hat{\beta}x + \hat{\gamma}z$
$= 57.22 - 1.08479x + 0.12433z$

$Y = 57.22 - 1.08479x + 0.12433z$
$= 57.22 - 1.08479(X - \bar{X}) + 0.12433(Z - \bar{Z})$
$= 44.33172 - 1.08479X + 0.12433Z$

$$R^2 = \frac{\hat{\beta}S_{1y} + \hat{\gamma}S_{2y}}{S_{yy}} = \frac{955.34}{982.40} = 0.972$$

$$\widehat{Y} = \widehat{\alpha} + \widehat{\beta}x + \widehat{\gamma}z$$
$$= 57.22 - 1.08479x + 0.12433z \tag{9.8}$$

となる。

しかしながら，単回帰分析と同様に，ここで求められた各パラメータは，$x = X - \overline{X}$（$\overline{X}$ は X の平均），$z = Z - \overline{Z}$（$\overline{Z}$ は Z の平均）として求めたためであり，単回帰分析の場合と同様に，X または Z として，もとの式にもどすことで，定数項（切片）を再度求める必要がある。最終的な推定式は，下記のように求められる。

$$Y = 57.22 - 1.08479x + 0.12433z$$
$$= 57.22 - 1.08479(X - \overline{X}) + 0.12433(Z - \overline{Z})$$
$$= 57.22 - 1.08479(X - 10.5) + 0.12433(Z - 195.25)$$
$$= 44.33172 - 1.08479X + 0.12433Z \tag{9.9}$$

9.2 重回帰モデルの信頼性

9.2.1 モデルの説明力

単回帰分析の場合（8.2節参照）と同様に，このように求められた回帰平面の当てはまりのよさを決定係数として求める。単回帰分析の場合と同様に，

$$Y \text{の全変動} : \sum (Y_i - \overline{Y})^2 = \sum (\widehat{Y}_i - \overline{Y})^2 + \sum \widehat{\mu}^2 \tag{9.10}$$

である。つまり，Y の全変動は，$\widehat{Y}$ で説明された部分 $\sum (\widehat{Y}_i - \overline{Y})^2$ とされなかった部分 $\sum \widehat{\mu}^2$ に分割される。$\widehat{\mu}$ が，説明ができなかった誤差の部分となる。このような性質に着目し，説明されている部分の大きさである決定係数は，次のように定義される。

$$\text{決定係数} : R^2 = \frac{\sum (\widehat{Y}_i - \overline{Y})^2}{\sum (Y_i - \overline{Y})^2} \tag{9.11}$$

となる。具体的には，表9.2の計算値を当てはめていくと，

$$R^2 = \frac{\widehat{\beta}S_{1y} + \widehat{\gamma}S_{2y}}{S_{yy}} = \frac{955.34}{982.40} = 0.972$$

として求められる。

それでは，このように求めた結果は，どのように利用することができるので

あろうか。または，どのような点に気をつけて利用していけばいいのであろうか。このような面倒な計算手続きを理解したことの意味はどこにあるのであろうか。まずは，モデルの説明力と信頼性から考えてみたい。

この場合であれば，全体の97%程度を説明しているということになる。かなり高い説明力を持っているといえよう。ビジネス社会で見られる誤用の一つとしては，このような高い説明力を持ったモデルであれば，ここで推計されている β, γ といった統計量も，信頼性が高いと考え，各種シミュレーションに利用しているというケースである。

しかし，前章で学習したように，このようなモデル全体の説明力と，推計された α, β または γ といった統計量の信頼性は，必ずしも一致しない。モデル全体で説明力が高いからといって，α, β または γ の各推計値を信じてもよいというわけではない。

とりわけ重回帰モデルにおいては，いろいろな変数を追加していくことができるため，その変数の追加は，変数が追加されるごとに説明力を高くしていくという性質を持つ。そのようななかで，変数が追加されるごとに，一定のペナルティを与えて，モデルを評価しようとすることが提案されている。もっとも単純な統計量が，第11章で学ぶ自由度調整済み決定係数と呼ばれるものであり，それ以外にも AIC や Mallow's CP など，多くの統計量がある。

これは，全体の予測力に対する評価である。たとえば，今回のケースであれば，最寄り駅から5分離れた $100\,\mathrm{m}^2$ の住宅の価格は，

$$Y = 44.33172 - 1.08479X + 0.12433Z$$

から，

$$Y = 44.33172 - 1.08479 \times 5\,\text{分} + 0.12433 \times 100\,\mathrm{m}^2$$

として，≒51.34万円として予測することができる。この値がどの程度の信頼度を持って信じていいのかというのが，決定係数となる。また，複数の異なるモデルがあるときに，どのモデルがもっとも信頼性が高いかといったことを調べる方法として，AIC や Mallow's CP といった統計量を使ったほうがよいことがある。具体的には，説明変数の数が多くなっていったときには，その増加に伴うペナルティに与え方が，自由度調整済み決定係数よりも AIC や Mallow's CP のほうが大きいために，この統計量の信頼性が高くなる。

続いて，シミュレーションである。今回の回帰分析の結果を見ると，
$$Y = 44.33172 - 1.08479X + 0.12433Z$$
として計算されていることから，44万円を平均として，1分駅から遠くなると，1万円程度ずつ価格が下落し，1 m^2 面積が増加するにつれて0.1万円価格が高くなっていくという傾向がわかる。このような結果から，駅から5分離れるといくら価格が下がるのかということが計算することができる。この信頼性の評価は，前章で学習した標準誤差や t 値を用いて評価しないといけない。先の予測は，このような回帰係数の組み合わせによって行われているが，一つ一つの精度が高くなくても，一定の予測力を持つことがある。予測とシミュレーションを異なることを意識しておかないといけない。

9.2.2 構造変化問題

ここで再度，先に整理した正規方程式，式(9.4)-(9.6)を確認していただきたい。まず定数項は $\hat{a} = \overline{Y}$ としての平均値である。また，回帰係数を導出する正規方程式は，それぞれの説明変数の観測値から平均値を差し引いた偏差を用いている。$x = X - \overline{X}$ ($\overline{X}$ は X の平均)，$z = Z - \overline{Z}$ ($\overline{Z}$ は Z の平均)として計算手続きを行ったことを思い出していただきたい。つまり，各変数の平均値の代表性・精度が定数項や回帰係数の信頼性に影響を与えていることが理解できるであろう。

平均値の代表性・精度に関する問題は，これまでの章のなかで学習してきた。平均値は，代表性を表す指標としてきわめて重要な指標であるが，その指標が意味を持つのは分布が単峰性(峰が複数ない)であり，左右対称の分布であることが前提である。また，異常値・外れ値が存在すれば，その信頼性は大きく揺らいでしまうことを理解してきた。ここから示唆されるものは何か。

第一に，単峰性を持つためには，均質な市場を対象として分析しなければならないということである。つまり，まったく性質が異なるデータが混ざってしまっていては，正確な統計量を計算することができなくなってしまうことは，直感的に理解できるであろう。

具体的には，住宅市場において，大震災の発生の前後で，消費者の選択行動が変わっているとすれば，その前後のデータを混ぜてしまっては正しい統計量

を求めることはできないであろう．このような時間的な変化は，大震災の発生前後といった大きなイベントの前後というときだけに起こるのでなく，時間の変化と共に少しずつ変化していると考えたほうが自然であろう．また，高級住宅地と普通の住宅地，大都市部と地方都市でも，異なる構造を持つかもしれない．

　もしこれらの市場が，それぞれ異なることが想定される場合には，データを分割して(統計学では層別化と呼ばれるが)分析を行わなければならない．このような問題は，計量経済学では，**構造変化問題**と呼ぶ(Shimizu and Nishimura (2007)[18], Shimizu et al(2014)[19] 参照)．この問題は，単回帰分析においても指摘したことがあるが，具体的なテストの方法と対応方法などは，次章において説明する．

9.2.3 非線形性

　推定されたモデルを用いて各種予測などのシミュレーションを実務に適用しようとした場合には，標準誤差や t 値で評価される信頼度だけでなく，信頼区間の分布についても理解しておくとよい．この一連の計算手続きからも理解できたように，回帰係数は，平均値を中心として計算されている．予測したい点 x_0 が平均値 $\bar{x}$ から離れるほど，区間推定の幅を大きくとらなければならず，予測誤差が大きくなるという統計モデル上のリスクがあるのである．

　加えて，単回帰の章(第8章)でも説明したように，「外挿の危険」という問題がある．平均値を計算する範囲においては，その説明が可能となるが，それを超えたところまで予測しようとしたときには，回帰平面上では未知の世界となり，その誤差は無限大となってしまう．

　しかし，その観測値の範囲内においても，非線形性の問題がある(Diewert and Shimizu(2015)[1], Shimizu et al(2014)[2])．今回分析した住宅市場のケースであれば，面積が大きくなるほどに必ずしも価格が高くなっていくばかりではなく，一定の面積を超えた段階で逓減していく可能性もある．最寄り駅までの距離においても，直線的に，その増加が価格を押し下げるということでもないはずである．この問題は，シミュレーションなどに使用した場合には，きわめて慎重に分析をしなければならない問題となる．

9.3　回帰分析の応用

重回帰分析は，ビジネス社会において，もっとも利用されている統計的手法の一つといってもよい。実は，ビジネス社会だけでなく，研究のなかでも，とりわけ人文・社会科学系の分野でも活用されている手法である。その意味で，社会全体の中でその果たすべき役割が高く，近年におけるビックデータに対する注目が高まるなかで，また企業や研究部門において統計分析の評価が高まるなかで，その果たすべき役割がますます高くなってきている。

このような流れは，近年の統計データの入手可能性が高まり，汎用的な統計分析ができるソフトウェアの飛躍的な発展により，一部の研究者やアナリストから，十分な統計教育を受けることがなかった者までにも拡がっていった。そのような利用者の増加とともに，その誤用が，利用者が増加する速度以上の速度で多く見受けられるようになっている。

回帰分析は，理解のしやすさからきわめて重要な統計手段であることはいうまでもない。本章で理解できたように，計算機がなくても，データの数が限定されていれば，電卓やそろばんでも計算ができる容易な手法である。

その単純さゆえに，最低限の統計知識を身につけておかなければ，その計算結果を用いた意思決定に大きな誤りをもたらしてしまい，そして，その結果，大きな損失を被ることが少なくない。それが企業であれば金銭的な損失になったり，研究者であれば，単に論文の査読が通らないというだけではなく，研究者としての能力と誠実さの欠如を疑われることにもなったりする場合もあろう。

データに誠実に，手続きに誠実に，そして，誤用がないように，この統計手法を利用していただきたい。

第10章

回帰分析の実際

　回帰分析は，ビジネスの様々なシーンで利用されている。ビジネス上での「原因」と「結果」，つまり因果関係を知りたいという要請とともに，推計された回帰係数を用いて予測をしてみたり，シミュレーションをしてみたりするためである。それでは，このような実務上の要請に対して，どのような条件が整っていれば，安心して利用することができるのであろうか。

　前章までにおいては，わかりやすさを最優先してきた。その上で，一つ一つの手続きを踏んでいけば，各種統計量は計算することができることを学んだ。しかし，ここには大きな落とし穴がある。

　コンピューター技術の発達によって，ビジネスの現場で多くの統計分析が実用化されることは大いに歓迎すべきである。しかし，その一方で，その利用者の増加以上の速度で，誤った使われ方がなされている事例を見る機会が飛躍的に増加してきている。それが，自らのビジネスの範囲のなかだけにとどまっていればいいが，半ば専門家といわれる人たちが統計分析を有料で行い，それが政策などの現場で活用されることで，間違った判断を多くの人に与えてしまっていることも少なくない。

　また，これまでの章を通して，統計分析を実用化しようとして，単純な解説だけをしたことによって間違った使い方をする人を増やしてしまうことは，筆者の本意からは大きく外れるところである。

　そこで，これまでの章の水準から大きく外れてしまうが，第10章から第12章では，回帰分析をビジネスの現場で利用する際に留意すべき点をまとめることにした。

　まず，10.1節では，最良不偏推定量であるための前提とされている仮説を学習し，10.2節では，前章で問題となった構造変化の特定方法を学び，10.3

節では構造変化があったときの対応方法を学習する。

10.1 回帰係数はどういうときに信じていいのか？

回帰分析では，ある分析対象 Y が発生している原因と考えられる X という観測されたデータから，各種係数を求めていくための統計的な手続きである。具体的には，前回に学習した重回帰モデルをより一般化して書くと，次のように定義される。

$$Y = \beta_1 + \beta_2 X_2 + \beta_3 X_3 + \cdots + \beta_k X_k + \mu \qquad (10.1)$$

たとえば，回帰分析のための題材として選んだ住宅市場の場合では，Y が住宅の価格であり，X がその価格を説明するための，最寄り駅までの距離であったり，建物の大きさであったりする。そして，β が推計される回帰係数となる。しかし，このような線形関係では完全に説明されるものではないので，誤差項 (μ) を含む。誤差項とは，回帰モデルで説明ができない部分を意味する。

つまり，このようなモデルでは，誤差項を含んだ確率モデルを想定することになる。そうすると，ここで推計された $\beta_1, \beta_2, \beta_3, \ldots, \beta_k$ といった回帰係数は，真の値である保証はない。一般には，$\beta_1, \beta_2, \beta_3, \ldots, \beta_k$ の信頼性は，誤差項の確率分布の性質に依存すると考える。

回帰分析において，最小二乗法に基づき各種係数を計算する理由としては，**最良不偏推定量**(best linear unbiased estimator, BLUE)という望ましい性質を持っているためである。

しかし，そのような性質が成立するのは，次の5つの仮定が成立したときであることに注意する必要がある。

仮定1　$X_2, X_3, \ldots, X_k$ は，確率変数ではなく，確定した値である。

仮定2　μ_i は確率変数で期待値は0。$E(\mu_i) = 0$, $i = 1, 2, \ldots, n$.

仮定3　異なった誤差項は無相関。すなわち，$i \neq j$ であれば，$\text{Cov}(\mu_i, \mu_j) = E(\mu_i \mu_j) = 0$. このような問題は系列相関(serial correlation, 12.1節参照)という。

仮定4　分散が一定 (σ^2)。すなわち $V(\mu_i) = E(\mu_i^2) = \sigma^2$, $i = 1, 2, \ldots, n$.

これは，分散均一性(homoskedasticity，12.1 節参照)という。

仮定 5　説明変数は，互いに独立であり，他の説明変数の線形関数で表すことはできない。つまり，説明変数間で相関を持たない。
$\alpha_1 + \alpha_2 X_2 + \alpha_3 X_3 + \cdots + \alpha_k X_k = 0$ となる。
$\alpha_1, \alpha_2, \alpha_3, \ldots, \alpha_k$ は，$\alpha_1 = \alpha_2 = \alpha_3 = \cdots = \alpha_k$ 以外は存在しない。これは，説明変数間に，**完全な多重共線性**(multicollinearity，12.2 節参照)がないという。

ここに，もう一つの仮定を加えることがある。

仮定 6　誤差項の分布は正規分布[1]に従う($N(0, \sigma^2)$)。つまり，それぞれの誤差項は互いに独立で，同一の正規分布($N(0, \sigma^2)$)に従う。すなわち，$\mu \sim N(0, \sigma^2)$, $i.i.d.$ (independently identically distributed)

この六つ目の正規分布の仮定は，BLUE の性質に対しては，強すぎる仮定ではある。ただし，推定された係数を仮説検定するためには，なんらかの誤差項に対する確率分布を特定化しなければいけない。そのために，一般的には，誤差項を正規分布として仮定する。

このような仮定を満たしているかどうかをどのように調べたらいいのか，満たしていない場合，どのようにしたらいいのか。このような問題に関しては，統計学というよりも，計量経済学の分野で多くの研究がなされている。ここでは，計量経済学の入門として，いくつかの統計問題を考えてみよう。

10.2　構造変化テストについて

単回帰または重回帰の学習をしたときに，私たちは層別化の問題を学んだ。このような問題は，構造変化の問題として捉えることができる。単回帰，重回帰の章では，図を作成することで，視覚的に二つの傾きの違いを学習した。ここに，単回帰分析を学習したときに使った同じデータを用いて(表 10.1)，図

---

[1] 正規分布については本書では取り上げていないため，他の統計学の入門書を参照してほしい。

郵便はがき

恐縮ですが切手を貼付して下さい

1 6 2 - 8 7 0 7

東京都新宿区新小川町6-29

株式会社 朝倉書店

愛読者カード係 行

●本書をご購入ありがとうございます。今後の出版企画・編集案内などに活用させていただきますので，本書のご感想また小社出版物へのご意見などご記入下さい。

フリガナ お名前		男・女	年齢　　歳
〒　　　　　　　電話 ご自宅			
E-mailアドレス			
ご勤務先 学校名		（所属部署・学部）	
同上所在地			
ご所属の学会・協会名			
ご購読　・朝日　・毎日　・読売 新聞　・日経　・その他（　　）		ご購読 雑誌（　　　　　）	

書名（ご記入下さい）

本書を何によりお知りになりましたか

1. 広告をみて（新聞・雑誌名　　　　　　　　　　　　　　　）
2. 弊社のご案内
   （●図書目録●内容見本●宣伝はがき●E-mail●インターネット●他）
3. 書評・紹介記事（　　　　　　　　　　　　　　　　　　）
4. 知人の紹介
5. 書店でみて

お買い求めの書店名（　　　　　　　　市・区　　　　　　　　書店）
　　　　　　　　　　　　　　　　　　　町・村

本書についてのご意見

今後希望される企画・出版テーマについて

図書目録，案内等の送付を希望されますか？　　　　・要　・不要
　　　　　・図書目録を希望する

ご送付先　・ご自宅　・勤務先

E-mailでの新刊ご案内を希望されますか？
　　　　　・希望する　・希望しない　・登録済み

ご協力ありがとうございます。ご記入いただきました個人情報については、目的以外の利用ならびに第三者への提供はいたしません。

10.2 構造変化テストについて

表 10.1 最寄り駅までの距離と住宅価格：A 地域，B 地域

A 地域			B 地域		
id	価格 (万円/m^2)	駅距離 (分)	id	価格 (万円/m^2)	駅距離 (分)
1	70	1	21	68	1
2	66	2	22	64	2
3	67	3	23	66	3
4	65	4	24	64	4
5	65	5	25	60	5
6	61	6	26	56	6
7	61	7	27	58	7
8	60	8	28	55	8
9	58	9	29	52	9
10	57	10	30	49	10
11	58	11	31	48	11
12	52	12	32	45	12
13	53	13	33	46	13
14	51	14	34	44	14
15	52	15	35	41	15
16	50	16	36	39	16
17	50	17	37	41	17
18	49	18	38	39	18
19	47	19	39	38	19
20	48	20	40	39	20

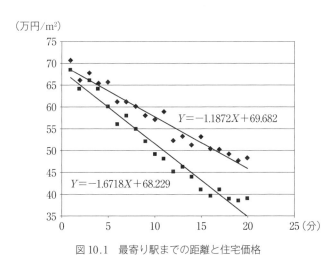

図 10.1 最寄り駅までの距離と住宅価格

10.1 として再掲しておこう。

　それでは，この二つの地域では本当に傾きが違うといっていいのであろうか。ここでは，A地域とB地域の間で構造が一緒であるのか，または異なるのか，具体的には平均的な価格水準に違いがあったり，回帰係数の大きさが異なっていたりするのか，どうかといったことを調べる方法を学習しよう。

　このような構造の違いを調べる方法としては，計量経済学では，**構造変化テスト**と呼ぶ。また，その検定方法をチョウ検定と呼ぶこともある。

　ここで，$i = 1, 2, \ldots, N$ までのデータが存在するとする。

　モデルとしては，式(10.1)のように定義された重回帰式を想定しよう。

　構造変化テストとは，データが観測されるすべてのサンプルを通して，上記のモデルの推定構造が同じかどうかを検定するものである。具体的には，回帰係数 $\beta_1, \beta_2, \beta_3, \ldots, \beta_k$ が，住宅の価格のケースであれば，平均的な価格水準に違いはないのか，回帰係数の大きさがすべての地域を通して一定かどうかを検定する。統計的には，F 検定という方法を用いることが一般的である。

　ここでは，仮説を設定することからはじめる。8.2節でも述べたが，統計学における仮説検定では，逆説的な仮説を立てることで，その仮説が成立する確率を求めるといったことが行われる。このような仮説の立て方を，帰無仮説という。たとえば，この場合であれば，

帰無仮説：
「構造変化がなく，回帰係数 $\beta_1, \beta_2, \beta_3, \ldots, \beta_k$ が地域(L)を通して一定である。」

ということになる。そうすると，そのような仮説が成立する確率が1％未満であるということになると，99％以上の確率で，その構造が違う，つまり回帰係数の傾きが違うと言うことになる。

　それでは，その具体的な手順を示そう。詳細は，縄田(1998)[10] がわかりやすく解説している。それに基づき，整理してみよう。

●**手順1**　構造変化がないものとして，すべての地域 $l = 1, 2, \ldots, L$ のデータをすべて利用し，回帰モデルを推定した上で，その残差平方和(予測値と実際の値となる残差を2乗した値の合計)を S_0 とする。

10.2 構造変化テストについて

●**手順2** 構造変化が起こったと考えられる地域によって，データを二つに分断する。具体的には，L_1 と L_2 の2つの地域が存在するとして，それぞれについて，回帰モデルを推定する。つまり，2つのモデルを推定する。

そこで，それぞれの残差平方和を求めた上で，2つの地域の残差平方和を加えて，残差平方和の合計 S_1 を求める。

●**手順3** 帰無仮説のもとで，F 検定を行う。ここで，**F値**は，次のように求められる。

$$F = \frac{(S_0 - S_1)/k}{S_1/(N - 2k)} \tag{10.2}$$

k は，失う自由度の数，つまり回帰モデルで推定する係数の数である。N はサンプル数である。つまり，この値は自由度 $(k, N - 2k)$ の F 分布，$F(k, N - 2k)$ に従う。

このように求められた F 値と有意水準 α に対応するパーセント点 $F_\alpha(k, N - 2k)$ とを比較し(付録参照)，$F > F_\alpha(k, N - 2k)$ の場合，帰無仮説を棄却し，それ以外は採択する。

これは，構造変化点が明確で，構造変化回数が1回の単純なケースである。

一般的には，二つの地域といった単純なことは少なく，構造変化点が明確ではなく，構造変化回数も未知な場合が多い。

それでは，表10.1に示した数値例を用いて確認してみよう。

まず，手順1として，すべての40個のデータを使って回帰分析をした。ここでは，もっとも汎用的なソフトウェアである MS Excel を使い，その出力結果をそのまま表10.2に示す。各欄の説明は11.1節で改めて行う。

さらに，手順2に入る。手順2では，A地域とB地域に分けて回帰を行う。それぞれの結果を表10.3，表10.4に示す。

ここで必要となるのが，すべてのサンプルを使って計算された回帰分析の残差平方和の S_0 とA地域のデータだけを使って回帰をしたときの残差平方和とB地域のデータだけを使って回帰をしたときの残差平方和を足した合計である S_1 である。この二つの統計量の直感的な理解をしておこう。

8.2節でも学んだように，残差とは，回帰式によって求められた直線と実際の観測値との差である。観測値に対して回帰モデルが正確に当てはまっていれ

表 10.2 全サンプルを使った回帰結果

概要

回帰統計	
重相関 R	0.905
重決定 R^2	0.818
補正 R^2	0.814
標準誤差	3.984
観測数	40

分散分析表

	自由度	変動	分散	観測された分散比	有意 F
回帰	1	2,717.144	2,717.144	171.157	0.000
残差	38	603.256	15.873		
合計	39	3,320.400			

	係数	標準誤差	t 値	p 値	下限 95%	上限 95%
切片	68.808	1.309	52.575	0.000	66.158	71.457
駅距離	-1.429	0.109	-13.083	0.000	-1.650	-1.208

表 10.3 A 地域の回帰結果

概要

回帰統計	
重相関 R	0.982
重決定 R^2	0.964
補正 R^2	0.962
標準誤差	1.387
観測数	20

分散分析表

	自由度	変動	分散	観測された分散比	有意 F
回帰	1	931.382	931.382	484.281	0.000
残差	18	34.618	1.923		
合計	19	966.000			

	係数	標準誤差	t 値	p 値	下限 95%	上限 95%
切片	69.426	0.644	107.769	0.000	68.073	70.780
駅距離	-1.183	0.054	-22.006	0.000	-1.296	-1.070

10.2 構造変化テストについて

表 10.4　B 地域の回帰結果

概要

回帰統計	
重相関 R	0.980
重決定 R^2	0.960
補正 R^2	0.957
標準誤差	2.090
観測数	20

分散分析表

	自由度	変動	分散	観測された分散比	有意 F
回帰	1	1,866.159	1,866.159	427.144	0.000
残差	18	78.641	4.369		
合計	19	1,944.800			

	係数	標準誤差	t 値	p 値	下限 95%	上限 95%
切片	68.189	0.971	70.229	0.000	66.150	70.229
駅距離	-1.675	0.081	-20.667	0.000	-1.845	-1.505

ば，残差は小さくなる．しかし，当てはまりが悪ければ大きくなってしまう．まず，すべてのデータを使って回帰モデルを推計し，そのモデルと 40 個の実際のデータとの差である残差を合計した値は，表 10.2 から 603.256 ということがわかる．グレーのセルである．

続いて，A 地域だけで推計した場合のそれは，表 10.3 から 34.618 である．その値は，表 10.2 のそれと比べて明らかに小さい．それは，当てはまりがいいということではなく，先の 603.256 は 40 個のサンプルの合計であるのに対して，この統計量は A 地域の 20 個のサンプルの統計量にすぎないからである．そこで，もう 20 個のデータを使った B 地域の回帰結果から求められた残差平方和を見ると，78.641 であり，その両地域の合計を見ると，113.259 であることがわかる．明らかに，全サンプルを使ったときに求められた 603.256 よりも小さく，分割したほうが当てはまりがよさそうであるといえよう．

つまり，A 地域と B 地域との間には，回帰係数が異なる，構造変化が起こっている可能性が高いと考えるのである．

それを実際の確率として求める方法が，手順 3 となる．手順 3 では，式 (10.2) に基づき，F 値を求めよう．ここでは，回帰係数は，切片と駅までの

距離の二つしか利用していないため，$k=2$ である。また，すべてのサンプル数は $N=40$ である。それぞれを，式(10.2)に当てはめると，

$$F = \frac{(S_0 - S_1)/k}{S_1/(N-2k)} = \frac{(603.256 - 113.259)/2}{113.259/(40-2\times 2)} = 77.874$$

となる。この自由度のもとでの，F 分布における 1% 点は，5.248 であるため（付録参照），明らかに，$F = \dfrac{(S_0 - S_1)/k}{S_1/(N-2k)} = 77.874 > 5.248$ となり，帰無仮説は棄却され，構造変化があるといえる。

10.3　構造変化問題への対応方法

それでは，構造変化が検出された場合，どのように対応したらいいのであろうか。一つは，図 10.1 のように，データを分割した上で推計するという方法がある。もう一つの方法としては，ダミー変数(dummy variable)を利用するという方法がある。さらに，構造が違うといっても，二つの地域で価格水準そのものが異なる場合と(切片が異なる)，最寄り駅までの距離に対する傾きが異なる場合と，さらには，二つともに異なる場合といったことが考えられる。そのような問題にも，ダミー変数を活用することで検定することができる。

まずは，ダミー変数について説明しよう。

今まで，回帰モデルにおいては，最寄り駅までの距離や面積といった連続的に変化するデータだけを用いてきた。ここで，ダミー変数と呼ばれるものを投入する。ダミー変数とは，$(1,0)$ によって表現される変数であり，ここで取り扱う(ⅰ)構造変化へ対応する場合以外に，(ⅱ)戦争・災害などによって市場構造が一時的に変化する場合(一時的ダミー・突発ダミー)，(ⅲ)性別(男・女)や住宅の所有形態(持ち家・貸し家)など，数量化が困難な質的データを処理する場合などにおいて利用される。このようなダミー変数を使っても，簡単な構造変化テストを行うことができる。

ここでは，先と同じように次のようなモデルを想定する。

$$Y_i = \beta_1 + \beta_2 X_i + u_i \qquad (10.3)$$

Y を価格，X を最寄り駅までの距離とする。このモデルにダミー変数を導

入し，A 地域の場合は 0，B 地域の場合は 1 とする (D_i：A 地域 = 0，B 地域 = 1)。

ここで，A 地域と B 地域で最寄り駅までの距離の構造が異なるかどうかを検定する。二つの地域の構造が一緒であると考えると，

$$A 地域：Y_i = \beta_1 + \beta_2 X_i + u_i$$
$$B 地域：Y_i = \beta_1^* + \beta_2 X_i + u_i$$

として推定することができる。

ここで，ダミー変数を使うことで，次のように一つの式として推定することが出来る。

$$Y_i = \beta_1 + \beta_2 X_i + \beta_3 D_i + u_i \tag{10.4}$$

この場合，地域間において価格格差が存在するかどうかという構造の相違を検定するためには，

$$H_0：\beta_3 = 0 \tag{10.5}$$

として検定を行えばよい。

続いて，価格水準は一定であるものの，最寄り駅から離れることによって発生する価格減少の傾きが異なることも想定される。この場合は，次のように定式化できる。

$$A 地域：Y_i = \beta_1 + \beta_2 X_i + u_i$$
$$B 地域：Y_i = \beta_1 + \beta_2^* X_i + u_i$$

この場合においても，$D_i \times X_i$ という新しい変数を導入することで（クロス項とも呼ばれる），一つの式として推定することができる。

$$Y_i = \beta_1 + \beta_2 X_i + \beta_4 (D_i \times X_i) + u_i \tag{10.6}$$

さらに，価格水準も傾きもともに異なるというケースもある。この場合には，

$$Y_i = \beta_1 + \beta_2 X_i + \beta_3 D_i + \beta_4 (D_i \times X_i) + u_i \tag{10.7}$$

として，推定可能である。この場合，地域間で構造が異なるかどうかの検定は，

$$H_0：\beta_3 = \beta_4 = 0 \tag{10.8}$$

に関する F 検定をすることで調べることができる。

第11章

回帰分析におけるモデルの評価

　回帰分析は，ある特定の現象の因果関係，つまり「原因」と「結果」の構造を解明する。その目的は，その現象の予測およびシミュレーションを行うことである。具体的には，前章までの事例で取り上げてきたような住宅価格の構造を，回帰分析によって解明できたとしよう。そうした場合には，住宅価格そのものを予測したり，その回帰係数を用いてシミュレーションをしたりすることになる。

　たとえば，予測することを考えよう。予測のためには，回帰係数さえ推計することができれば，説明変数，または独立変数となる各 X に特定の値を代入すれば，住宅価格を予測することができる。より良い予測ができるモデルを構築するためには，どのように説明変数(X)の組み合わせを決定していったらいいのであろうか。また，決定されたモデルから得られる予測された結果は，どの程度信じていいのであろうか。

　本章では，まずモデル選択について説明する。ここでは，推計された回帰係数は信じていいのかという疑問から答えることとする。続いて，推計されたモデルはどの程度信じていいのか，説明力を持っているのか，どのモデルが一番いいのかといったことに対する疑問に答える。

11.1　モデルの当てはまりのよさの調べ方

11.1.1　推計されたモデルを評価する

　ここで，あらためて，$Y = \beta_1 + \beta_2 X_2 + \beta_3 X_3 + \cdots + \beta_k X_k + \mu$，という回帰式を考えよう。今までの学習から理解しているように，回帰式の目的は，得られたデータから，上記によってできる限り再現をしようというものである。そう

すると，$Y_i = \beta_1 + \beta_2 X_{2i} + \beta_3 X_{3i} + \cdots + \beta_k X_{ki} + \mu_i$ という回帰係数(β)と観測された説明変数(X)によって説明されるモデル全体でどの程度の再現力，予測力を持つのかといったことを知りたいと思う。

また，推計されたモデルの細部を見たときに，$\beta_1, \beta_2, \beta_3, \ldots, \beta_k$ といった推計値として得られた回帰係数が意味を持つのかどうか，信用してもいいのかといった疑問が出てくる。

モデル全体を評価する，または複数のモデルのなかからもっとも説明力の高いモデルを選ぶ統計量としては，自由度調整済み決定係数，Mallow's CP または AIC といった統計量がある。後者の問題に答える方法としては，t 検定，F 検定，尤度比検定といった検定方法がある。

以下，それぞれの統計量について学習しよう。

11.1.2 自由度調整済み決定係数と AIC

回帰モデルを推計した場合に，説明変数のいくつかの組み合わせが存在するために，複数のモデルの候補の中から，一つのモデルを選択することが求められる。この場合，もっとも利用される統計量として，**自由度調整済み決定係数**と呼ばれる指標がある。自由度調整済み決定係数は，次のように計算される。

8.2 節で学んだように，回帰モデルの予測値を $\widehat{Y}_i$ としたときに，Y_i の全変動：$\sum (Y_i - \overline{Y})^2 = \sum (\widehat{Y}_i - \overline{Y})^2 + \sum \widehat{e}^2$ として，$X_2, X_3, \ldots, X_k$ で説明できる部分 $\sum (\widehat{Y}_i - \overline{Y})^2$ とされなかった部分 $\sum \widehat{e}^2$ に分割される。このような性質に着目し，決定係数は次のように定義される。

$$R^2 = 1 - \frac{\sum \widehat{\mu}^2}{\sum (Y_i - \overline{Y})^2} = \frac{\sum (\widehat{Y}_i - \overline{Y})^2}{\sum (Y_i - \overline{Y})^2} \tag{11.1}$$

となる。

しかし，このように計算される決定係数は，説明変数の数が増加するに従い大きくなってしまう。その場合には，モデルに不要な変数までもモデルのなかに含めてしまう可能性がある。そのため，説明変数の増加を調整し，モデルを評価する指標の一つが，自由度調整済み決定係数である。自由度調整済み決定係数は，説明変数の数の違いを考慮したものであり，Y_i の変動と残差の平方和を自由度で割った値として計算される。

$$\overline{R}^2 = 1 - \frac{\sum \widehat{\mu}^2/(n-k)}{\sum (Y_i - \overline{Y})^2/(n-1)} \tag{11.2}$$

このように計算されるため，モデルで推計する回帰係数の数(k)が増加したとしても $\overline{R}^2$ は，必ずしも増加するとは限らないことがわかる。

しかし，回帰モデル選択において，説明変数が多い場合においては，自由度調整済み決定係数では，説明変数の増加に伴うペナルティの与え方が十分ではないことが指摘されている。その場合には，説明変数が，多く採択されすぎてしまうことになってしまう。

そこで，モデルを評価する指標として，赤池の情報量基準(Akaike information criterion, AIC)，シュバルツのベイズ情報量基準(Schwarz Bayes information criterion, BIC)，または Mallow's Cp と呼ばれる基準がある。

ここで，$\ln L$ を対数最大尤度とすると(ν は，モデルに含まれる未知パラメータの数)，

$$\text{AIC} = -2\ln L + 2\nu$$
$$\text{BIC} = -2\ln L + \nu \ln n$$

を最小にするようにモデルを選択する。

しかし，AIC および BIC には，理論的な裏付けがないといった批判もある。AIC，BIC は，回帰モデル以外のモデル選択にも利用可能であり，AIC は，真のモデルと推定されているモデルの距離を表す，カルバック・ライブラー情報量(Kullback-Leibler information)を使って説明することができる。

AIC の計算は，

$$\text{AIC} = -2\ln L + 2k = n\ln(\sum e_i^2/n) + 2k \tag{11.3}$$

として，計算できる(詳細は，縄田(1998)[10])。

11.1.3 モデル選択

前章の学習で利用した住宅価格データと同様の表 11.1 を用いて実際に推計してみよう。

住宅の価格を考えたときに，最寄り駅からの距離が離れるにつれて住宅価格が低下していくことが理解された。

そこで，Y を価格，X を最寄り駅までの距離としたときに，次のようなモ

表11.1 数値例:最寄り駅までの距離と住宅価格

id	価格	駅距離	ダミー	クロス項	地域	id	価格	駅距離	ダミー	クロス項	地域
1	70	1	0	0	A	21	68	1	1	1	B
2	66	2	0	0	A	22	64	2	1	2	B
3	67	3	0	0	A	23	66	3	1	3	B
4	65	4	0	0	A	24	64	4	1	4	B
5	65	5	0	0	A	25	60	5	1	5	B
6	61	6	0	0	A	26	56	6	1	6	B
7	61	7	0	0	A	27	58	7	1	7	B
8	60	8	0	0	A	28	55	8	1	8	B
9	58	9	0	0	A	29	52	9	1	9	B
10	57	10	0	0	A	30	49	10	1	10	B
11	58	11	0	0	A	31	48	11	1	11	B
12	52	12	0	0	A	32	45	12	1	12	B
13	53	13	0	0	A	33	46	13	1	13	B
14	51	14	0	0	A	34	44	14	1	14	B
15	52	15	0	0	A	35	41	15	1	15	B
16	50	16	0	0	A	36	39	16	1	16	B
17	50	17	0	0	A	37	41	17	1	17	B
18	49	18	0	0	A	38	39	18	1	18	B
19	47	19	0	0	A	39	38	19	1	19	B
20	48	20	0	0	A	40	39	20	1	20	B

デルから出発した.

$$Y_i = \beta_1 + \beta_2 X_i + u_i \tag{11.4}$$

しかし,前章で理解したように,A地域とB地域では,価格形成構造が異なることが理解された.そこで,ダミー変数を導入し,モデルを改善する方法が提案された.具体的には,地域ダミーとして,A地域の場合は0,B地域の場合は1とする変数を追加した(D_i:A地域 = 0,B地域 = 1).

まず,A地域とB地域で価格水準が異なることを想定したモデルが考えられる.その場合は,式(11.5)のようなモデルを推計することになる.

$$Y_i = \beta_1 + \beta_2 X_i + \beta_3 D_i + u_i \tag{11.5}$$

また,最寄り駅から離れるにつれて,価格が逓減していく傾きが異なることも考えられる.この場合においても,$D_i \times X_i$という新しい変数を導入することで(クロス項とも呼ばれる),次のような式で推計できる.

$$Y_i = \beta_1 + \beta_2 X_i + \beta_4 (D_i \times X_i) + u_i \tag{11.6}$$

さらには,価格水準も傾きも,地域によって異なることが想定される次のようなモデルも考えられる.

$$Y_i = \beta_1 + \beta_2 X_i + \beta_3 D_i + \beta_4 (D_i \times X_i) + u_i \qquad (11.7)$$

ここで，式(11.4)から式(11.7)までの推計結果のなかで，式(11.7)に基づく推計結果を表11.2に，そして，式(11.4)から式(11.7)の推計結果を表11.1に整理した．

表11.2 式(11.7)の推計結果

回帰統計	
重相関 R	0.983
重決定 R^2	0.966
補正 R^2	0.963
標準誤差	1.774
観測数	40

分散分析表

	自由度	変動	分散	観測された分散比	有意F
回帰	3	3,207.141	1,069.047	339.804	0.000
残差	36	113.259	3.146		
合計	39	3,320.400			

	係数	標準誤差	t 値	p 値	下限95%	上限95%
切片	69.426	0.824	84.261	0.000	67.755	71.097
駅距離	−1.183	0.069	−17.206	0.000	−1.323	−1.044
ダミー	−1.237	1.165	−1.061	0.296	−3.600	1.126
クロス項	−0.492	0.097	−5.055	0.000	−0.689	−0.294

　統計ソフトを利用して回帰分析を実施すると，多くの場合で表11.1のような推計結果が出される．最初に見るところは，一番上の表となるが，重相関 R（相関係数），重決定 R^2（決定係数），補正 R^2（自由度調整済み決定係数）となる．上から下にいくにつれて，絶対値が小さくなっていくことがわかる．まず重相関 R は式(11.1)のように計算され，0から1の間をとる．それを2乗した値が重決定 R^2 であることから，論理的に重相関 R 以下になることがわかるであろう．表11.2では重相関が0.983として計算され，その2乗の重決定 R^2，つまり決定係数は0.966として計算されている．

　ここで説明変数が追加されたことによる効果を加味しないといけない．それは，式(11.2)に基づき計算される．推計した回帰係数は4つであることから，観測数，つまり分析に用いたデータの数は40個あるものの，その推計される

回帰係数の数分だけ自由度が失われることになる。そのように自由度を調整した決定係数は「自由度調整済み決定係数」と呼ばれるが，0.963 として計算されている。決定係数が 0.966 であったが，自由度調整済み決定係数は 0.03 ほど自由度を考慮することで小さくなっていることがわかる。この差は，推計する回帰係数の数が大きくなるほどに，ペナルティを与えられることから乖離していくことになる。そして，この自由度調整済み決定係数が，モデルを評価する際に重要になるのである。この解釈としては，式(11.7)の $Y_i = \beta_1 + \beta_2 X_i + \beta_3 D_i + \beta_4 (D_i \times X_i) + u_i$ として住宅価格を説明しようとしたときに，おおよそ 96％程度は説明ができていると考えていいのである。

自由度調整済み決定係数のほかに，モデル全体のあてはまりのよさを測定するための指標として，赤池の情報量基準（AIC）と呼ばれる統計量があることは，先に説明した。表 11.3 では，先に計算した式(11.4)（モデル 1），式(11.5)（モデル 2），式(11.6)（モデル 3），式(11.7)（モデル 4）の自由度調整済み決定係数とともに，式(11.7)に基づき AIC を計算し，比較したものである。自由度調整済み決定係数は，1 に近づくほどに説明力が高いという解釈をしたが，AIC では，小さくなるほどに説明力が高いという解釈をする。

表 11.3　自由度調整済み決定係数と AIC

モデル	自由度調整済 決定係数	R による 順位	k	残差 平方和	AIC	AIC による 評価
モデル 1	0.8135	4	2	603.256	81.383	4
モデル 2	0.9385	3	3	193.656	56.113	3
モデル 3	0.9629	2	3	116.803	43.978	1
モデル 4	0.9630	1	4	113.259	45.239	2

表 11.3 を見ると，モデル 4 が自由度調整済み決定係数では一番大きいために，四つのモデルのなかではもっとも説明力が高いと評価できる。しかし AIC で比較すると，モデル 3 が一番 AIC が低く，あてはまりがよいモデルとなる。

先ほど，自由度調整済み決定係数で見たときには，モデル 4 が一番説明力が高いモデルとして判定されていた。モデル 3 と 4 との差は，わずかに 0.0001 であった。AIC でモデル 3 がもっとも当てはまりのよいモデルとされた背景には，説明変数を一つ余分に追加する，つまり，自由度を一つ失うことのペナ

ルティが，自由度調整済み決定係数よりも AIC のほうが大きいためである。

それでは，モデル 3 と 4 のどちらを最終的に採用すればいいのであろうか。この問題は，次の推計された回帰係数の信頼度と合わせてみていく必要がある。

11.2 推計された回帰係数は信じていいのか？

11.2.1 t 検定と F 検定

それでは，推計された回帰係数(β)はどの程度信じていいのであろうか。このような問題を考えるにあたり，推計された β は統計的に意味があるのかどうかといったことから調べることになる。ここで重要になるのが，統計的に見て意味があるとはどのようなことかということを理解しないといけない。意味があるとは，推計された回帰係数が $\beta_1 = \beta_2 = \beta_3 = \cdots = \beta_j = 0$ となる対立仮説を立てて，このような条件が成立する仮説を設定することから始める。つまり，推計された各回帰係数が，0 であるということは，今回の一連の分析事例に照らせば，X が住宅価格 Y に対して，どのような影響をも与えない，つまり意味を持たないということになる。

まずは，一つずつの推計された回帰係数(β)の信頼度を調べるための方法として，t 検定と呼ばれるものがある(8.2 節も参照)。t 値は，次のように定義された。

$$t_j = \frac{\widehat{\beta}_j - \beta_j}{S_{\widehat{\beta}_j}} \quad \left(標準誤差\ S_{\widehat{\beta}_j} = \frac{\sigma}{\sqrt{\sum x^2}},\ \sigma は標準偏差\right)$$

このように計算された t 値は，自由度 $n-k$ の t 分布に従うため，一つの回帰係数に関する帰無仮説 $H_0 : \beta_j = 0$ について，検定することができる。

続いて，F 検定である。重回帰分析の場合は，説明変数が複数個あるため，複数の回帰係数についての仮説の検定を同時に行いたい場合がある。説明変数が二つ(X_2, X_3)の場合について考えると，「X_2, X_3 ともに Y に対して影響がない」という帰無仮説は，

$$H_0 : \beta_2 = 0\ かつ\ \beta_3 = 0$$

となる。

一方,「少なくともどちらかの影響がある」という対立仮説は,
$$H_1 : \beta_2 \neq 0 \text{ または } \beta_3 \neq 0$$
となる.

帰無仮説が複数の制約式からなる場合は,個々の回帰係数に関する t 検定だけでは不十分であり,F 検定を行う必要がある.第10章で学んだことの復習となるが,F 検定は,次の手順によって行う.

● 手順1　H_0 が正しいとして,X_2, X_3 ともに含まない形で,重回帰式を推定し,残差平方和 S_0 を求める.残差平方和とは,推計されたモデルで説明できない部分の大きさを意味する.残差とは,回帰モデルによって得られる予測値と実際の観測値との乖離である.その乖離として計算される残差を2乗して合計した値が,残差平方和となる.

● 手順2　H_0 が成立しないものとして,H_1 のもとで X_2, X_3 含めて重回帰方程式を推定し,残差平方和 S_1 を求める.

● 手順3　次の式に基づき F 値を求め,検定を行う.F 値は,

$$F = \frac{(S_0 - S_1)/p}{S_1/(n-k)} \tag{11.8}$$

として計算される.また,p は,H_0 に含まれる式の数である.

ここで式 (11.8) を注意深く見てみよう.分子は,$(S_0 - S_1)$ として計算される.つまり,X_2, X_3 ともに含まない形で推計されたモデルの残差平方和と X_2, X_3 ともに含む形で計算された残差平方和の差である.つまり,F 値が小さくなるのは,$S_0 \approx S_1$ の場合である.X_2, X_3 を入れた場合とそうでない場合とで,2つのモデルの当てはまりのよさの差が小さいことを意味する.そうすると,X_2, X_3 を入れても入れなくても,予測精度に差がないということであることから,この値が小さいということは,X_2, X_3 は意味がないということになる.

このように直感的には理解できたとして,どの程度の確率で意味があるのかないのかを知りたい.

そうしたときには,この統計量は,自由度 $(p, n-k)$ の F 分布 $F(p, n-k)$ に従うため,検定の臨界値 $F(p, n-k)$ の有意水準 α に対応するパーセント点,

$F_\alpha(p, n-k)$ と比較して，$F > F_\alpha(p, n-k)$ の帰無仮説は棄却され，それ以外では帰無仮説は採択されるというような検定を行えばよい．

11.2.2 尤度比検定

F 検定の場合と同様に，複数の回帰係数を同時に検定したい場合，つまり，帰無仮説・対立仮説が，$H_0 : \beta_2 = 0$ かつ $\beta_3 = 0$，$H_1 : \beta_2 \neq 0$ または $\beta_3 \neq 0$ として与えられる場合の検定方法として，**尤度比検定**(likelihood ratio test)と呼ばれる方法がある．尤度比検定とは，次の手順によって行う．

●手順1　H_0 が正しいとして，X_2, X_3 ともに含まない形で，重回帰方程式を推定し，対数最大尤度 $\ln L_0$ を求める．
●手順2　H_0 が成立しないものとして，H_1 のもとで X_2, X_3 含めて重回帰方程式を推定し，対数最大尤度 $\ln L_1$ を求める．
●手順3　次の式に基づき統計量を求め，検定を行う．
$$\chi^2 = 2(\ln L_1 - \ln L_0) \tag{11.9}$$

このように計算された統計量は，帰無仮説のもとで漸近的に(n が十分に大きければ近似的に)自由度 p の χ^2 分布(カイ二乗分布)，$\chi^2(p)$ に従うことが知られている．また，p は，H_0 に含まれる式の数である．検定における臨界値は，$\chi^2(p)$ の有意水準 α に対応するパーセント点 $\chi_\alpha^2(p)$ を比較し，$\chi^2 > \chi_\alpha^2(p)$ の場合は，帰無仮説を棄却し，それ以外では，帰無仮説は採択される．

F 検定の場合と同様に，χ^2 が小さくなるのは，X_2, X_3 を入れた場合とそうでない場合とで，二つのモデルの当てはまりのよさの差が小さいことを意味する．

それでは，実際の分析においては，どのように，これらの検定を利用すればいいのであろうか．

まず，t 検定は必ず実施しなければならないと覚えておくといいであろう．そうすると，F 検定と尤度比検定のどちらか，または両方を実施しないといけないのかということとなるが，そうではない．

一般的には，F 検定を利用すればよいが，非線形回帰などの複雑なモデルには適用できない．尤度比検定は，漸近的にしか成立しないものの，線形回帰モデル以外の複雑なモデルや帰無仮説が非線形の場合でも利用することができ

るというメリットを持つ。

実際の計算では，対数最大尤度を直接に計算できない場合があるため，次のように計算する（縄田（1998）[10]）。

$$\ln L^*(\widehat{\beta}_1, \widehat{\beta}_2, \ldots, \widehat{\beta}_k, \widehat{\sigma}^2) = -\frac{n}{2}\left(\sum e_i^2/n\right) \quad (11.10)$$

11.2.3 検定統計量の計算

それでは，実際のデータ（表 11.1）を用いた計算例（表 11.2）を見てみよう。まず，表 11.2 をみると，「係数」という欄がある。

「駅距離」に関して見ると，係数（回帰係数）が -1.183 である。つまり，1分駅から遠くなるにつれ 1.183 万円ずつ価格が低下していくことを意味する。その推計値の誤差（標準誤差）は，0.069 である。つまり，回帰係数 -1.183 には，0.069 の誤差が存在している。そこで，回帰係数 -1.183 を標準誤差の 0.069 で割ると，$-1.183 \div 0.069 = -17.206$ となる。これが t 値と呼ばれるものである。しばしば実務をしている方々が t 値が絶対値で 2 程度あれば，推計された統計量を信じてもよいということだといわれるが，まんざら嘘ではないが正確でもない。この検定もまた，自由度の大きさによって変わってくるからである。

多くの統計ソフトによる回帰結果表には，*p* 値が出ている。これは，この t 値から判定されるものであるが，帰無仮説 $H_0 : \beta_j = 0$ が成立する確率を示している。この場合は，0% であることを示している。つまり，推計された回帰係数 β が意味を持たない確率は 0% ということであるため，この回帰係数は意味があるといえるのである。

続いて，F 検定と尤度比検定の結果を表 11.4 に整理した。ここでは，前出の式（11.4）と式（11.7）を比較したものである。

$$Y_i = \beta_1 + \beta_2 X_i + u_i \quad (11.4)$$
$$Y_i = \beta_1 + \beta_2 X_i + \beta_3 D_i + \beta_4 (D_i \times X_i) + u_i \quad (11.7)$$

式（11.4）と式（11.7）との違いは，$\beta_3 D_i + \beta_4 (D_i \times X_i)$ を含むかどうかである。この β_3 と β_4 がそれぞれ意味を持つのかどうかを検定することになる。

式（11.8）に基づいて計算された F 値，式（11.9）に基づき計算された対数尤

表 11.4 F 検定と尤度比検定結果

F 検定		尤度比検定	
S_0	603.256	n	40
S_1	113.259	$\ln L_0$	-54.269
自由度 p	2.000	$\ln L_1$	-20.816
自由度 $(n-k)$	36.000	自由度	2.000
F	77.874	χ^2	66.907
有意水準	1.0%	有意水準	1.0%
パーセント点	5.248	パーセント点	9.210

度と,有意水準1%となるパーセント点を比較すると,いずれも大きく上回っている。つまり,β_3 と β_4 は,モデルの中に入れる必要があるということがわかる。

11.3 ビジネスでの統計分析の活用

実際の回帰モデルをビジネスの社会で利用した場合においては,単回帰で原因と結果を調べることから始める。しかし,分析したいと考える事象が増えるにつれて,候補となるモデルの数が増加していくことから,最終的にどのモデルを選択したらいいのかといったことは,分析者の腕の見せ所でもあるし,多くの失敗をしてしまうところでもある。

今回の分析事例のような単純なケースでも,モデル3とモデル4のどちらを選べばいいのか迷ってしまう。自由度調整済み決定係数であれば,モデル4となると,AIC であればモデル3である。また,F 検定も尤度比検定も,$\beta_3 D_i + \beta_4(D_i \times X_i)$ は有意であるという検定結果を出している。

筆者としては,モデル3を選択するであろう。β_3 の t 値が -1.061 であり,その p 値は 0.296 だからである。β_3 がゼロとなる確率(意味を持たない確率)が30%程度あるためである。

汎用的なソフトウェアでは,ステップワイズ法や総当たり法など,複数のモデルの中からもっともよいモデルを探索してくれるという手法もある。しかし,そのような場合には,統計的にもっともよいモデルを抽出してくれるだけであり,分析者の目的と照らしたときに役に立たないようなモデルを選び出してくることもある。

モデル選択においては，単に統計的な優位性だけでなく，本来のモデル推計の目的と照らして選択をしていくことが必要なのである。たとえば，最寄り駅から離れるにつれて，どの程度の価格減価があるのかを知りたいと思っているにもかかわらず，その変数が入っていないようなモデルは，そもそも推計することの意味がない。統計的に有意でない結果が出たとしても，その解釈を通じて，意味のある分析にしていかなければならないのである。

第 12 章

回帰分析における残された課題

これまでの章を通じて，統計学の基礎から回帰分析までを学んできた．記述統計では物価データの集計を題材として学んだ．いずれも筆者の研究対象であるためである．そうするとどうして筆者がそのような対象を研究しているのかということとなる．まず，物価統計は，Google が彼らの情報網のなかで蓄積された情報を用いて，Google Price Index (Google 物価指数)を作成し，公表を開始したことを考えれば，物価統計の加工は経済統計の分野でもっとも最先端の技術と議論が進められている分野の一つであるといえる．また，住宅市場は，人工知能などのデータマイニング技術の開発競争のなかでしばしば実験対象として位置づけられていることからもわかるように，きわめて予測が困難な対象の一つである．

本章は，回帰分析のなかで残された課題を整理し，「市場分析のための統計学」の意義について今一度考えてみたい．

12.1 回帰分析の修正

12.1.1 回帰係数の不偏性

回帰分析において最小二乗法によって計算される各種係数は，最良不偏推定量(BLUE，10.1 節参照)という望ましい性質を持つことは学んできた．また，その性質が成立することの前提としては，次の五つの仮定が成立したときである，とされている．もう一度思い出せば，$Y_i = \beta_1 + \beta_2 X_{2i} + \beta_3 X_{3i} + \cdots + \beta_k X_{ki} + \mu_i, i = 1, 2, \ldots, N$ という回帰式を考えたときに，第一の仮定としては，$X_2, X_3, \ldots, X_k$ は，確率変数ではなく，確定した値であることが必要である．第二の仮定は，誤差項 μ_i は確率変数で期待値は 0 であることも要求される．こ

れら二つの仮定は，多くの場合で成立していることのほうが多いであろう。

そして，第三の仮定として，異なった誤差項は無相関であるという仮定が追加される。しかし，時系列分析を行う場合においては，経済の様々な現象は，時間を通じて独立であるということは想定しづらく，隣り合った時間との間で強い相関を持つことの方が多い。このような問題は，「系列相関」と呼ばれる。さらに，第四の仮定として，分散が一定(σ^2)であるという仮定が入る。分散均一性と呼ばれる。

たとえば，ケインズが想定したように，消費は所得によって決定されるとしよう。所得が低いときは，多くの場合で生活必需品を購入することから，家計によっての差は大きくない。しかし，所得が増加するにつれて，たくさん消費する人と貯蓄をすることに分かれてくる確率が高くなる。また，嗜好品が入ることで，選択肢がばらつくことが予想されるであろう。そうすると，所得の増加とともに，分散が大きくなっていくという「不均一分散問題」に直面する。系列相関や不均一分散の問題が生じている場合，推定されたパラメータについて，BLUEのうち「不偏性」は満たされるものの，t検定(第8章参照)やF検定(第10章参照)といった仮説検定において誤りが生じることとなる。

第五として，説明変数は，互いに独立であり，他の説明変数の線形関数で表すことはできできないという仮定が入ってくる。これは，重回帰分析をしていくなかで，もっとも大きな問題の1つである。従属変数，または説明変数(X)が増加していくなかで，それぞれの変数の独立性が失われていくことが多い。この問題は，「多重共線性問題」と呼ばれる。多重共線性の問題が生じている場合，推定されたパラメータは不安定であり，また，t検定やF検定といった仮説検定においても誤りが生じることとなる。

本章では，以下BLUEの仮定のなかでも，不均一分散の問題と多重共線性問題に注目する。以下，縄田(1998)[10]に基づき，整理していく。

12.1.2 系列相関

第三の仮定である「異なった誤差項は無相関である」という仮定が成立しない状態を，「系列相関がある」という。

系列相関が存在するかどうかを調べる方法として，ダービン・ワトソンの**d**

統計量(Durbin-Watson d-statistic)を調べることで理解できる。ダービン・ワトソンの d 統計量は，式(12.1)のように計算される。

$$d = \frac{\sum_{t=2}^{T}(e_t - e_{t-1})^2}{\sum_{t=1}^{T} e_t^2} \tag{12.1}$$

この統計量は，0～4 の間をとる。そして，その統計量に応じて，系列相関の大きさ(ρ)は，次のように対応する。

$$d \approx 0 \quad \rho \approx 1$$
$$d \approx 2 \quad \rho \approx 0$$
$$d \approx 4 \quad \rho \approx -1$$

ここで，帰無仮説($H_0 : \rho = 0$)の検定を行う。検定統計量の下限値(d_L)と上限値(d_U)と比較したときに，d が 0 に近く，$d \leq d_L$ ならば，H_0 を棄却し，正の系列相関があり $\rho > 0$ とする。続いて，d が 2 に近く，$d_U \leq d \leq 4 - d_U$ ならば，H_0 を採択し，相関関係がなく $\rho = 0$ とする。さらに，d が 4 に近く，$d \geq 4 - d_L$ ならば，H_0 を棄却し，負の系列相関があり $\rho < 0$ とする。そして，上記のいずれの場合でもない，つまり，$d_L \leq d \leq d_U$ もしくは，$4 - d_U \leq d \leq 4 - d_L$ ならば，判断は保留するということになる。

それでは，誤差項に 1 次の自己相関がある場合は，どのようにモデルを修正すればいいのかを考える。修正方法としては，コクラン・オーカット法，一般化最小二乗法および被説明変数のラグ項を説明変数に含める方法が古くから提案されてきた。

次のようなモデルを考えよう。

$$Y_t = \beta_1 + \beta_2 X_{2t} + \beta_3 X_{3t} + \cdots + \beta_k X_{kt} + \mu_t, \qquad t = 1, 2, \ldots, T$$

ここでは，誤差項の 1 次の自己相関係数 ρ は既知であるとする。その場合は，次のようにデータを変換し，推定することができる。

$$Y_t^* = Y_t - \rho Y_{t-1}, \quad X_{jt}^* = X_{jt} - \rho X_{jt-1}, \qquad j = 2, 3, \ldots, k$$
$$Y_t^* = \beta_1(1 - \rho) + \beta_2 X_{2t}^* + \beta_3 X_{3t}^* + \cdots + \beta_k X_{kt}^* + \varepsilon_t, \quad t = 2, 3, \ldots, T$$
$$\tag{12.2}$$

この式に従えば，回帰の標準的な仮定を満足させることができる。その場合は，このように変換されたデータで最小二乗法によって推計可能となる。ただし，ここでは，ρ は

$$e_t = \rho e_{t-1} + \varepsilon_t^*, \qquad t = 2, 3, \ldots, T$$

から求めた推定量 $\hat{\rho}$ を用いる。この方法をコクラン・オーカット法という。

しかし，この場合は，$t = 2, 3, \ldots, T$ となり，情報を一つ失うこととなる。そこで，最初のデータが持つ情報を補うために，$Y_1^* = \sqrt{1-\rho^2}\, Y_1$, $X_{j1}^* = \sqrt{1-\rho^2}\, X_{j1}$, $j = 2, 3, \cdots, k$ とすると，

$$Y_t^* = \beta_1 X_{1t}^* + \beta_2 X_{2t}^* + \beta_3 X_{3t}^* + \cdots + \beta_k X_{kt}^* + \varepsilon_t, \qquad t = 1, 2, \ldots, T \tag{12.3}$$

$$X_{1t}^* = \sqrt{1-\rho^2}, \quad t = 1, \qquad X_{1t}^* = 1-\rho, \quad t = 2, 3, \ldots, T$$

$$\varepsilon_t^* = \sqrt{1-\rho^2}\, \mu_1, \quad t = 1, \qquad \varepsilon_t^* = \varepsilon_t, \quad t = 2, 3, \ldots, T$$

となり，ε_t^* は互いに独立で $t = 1, 2, \ldots, T$ に対して，分散が σ_ε^2 となっている。

ここで，ρ はコクラン・オーカット法と同様に，

$$e_t = \rho e_{t-1} + \varepsilon_t^*, \qquad t = 2, 3, \ldots, T$$

から求めた推定量 $\hat{\rho}$ を用いる。

このような推定方法は，**推定可能な一般化最小二乗法**(estimable generalized least squares, GLS)と呼ばれる。

12.1.3 不均一分散

不均一分散とは，第四の仮定である誤差項 μ_i の分散が一定であるという仮定が満たされていない場合の問題である。具体的には，X の値が大きくなるに従って，誤差項 μ_i のばらつきが大きくなるような場合が代表的である。このようなケースは，均一分散が満たされていないということで，分散の不均一性と呼ぶ。

●**不均一分散の検出**　まずは，不均一分散の検出である。分散が不均一であるかどうかを検出する方法として，最小二乗法による回帰残差 e_i または $|e_i|$，e_i^2 のグラフにより確認する方法が一般的である。たとえば，X と残差の二乗を比較したときに，X が増加するにつれて残差の2乗が大きくなっていれば，X の値によって残差の大きさが変化するために，分散が不均一である。一方，残差の大きさが X の値と独立である場合は，均一分散であることがわかる。不均一分散の検出には，図を作成することで，おおよそ確認することができる。しかし，統計量を用いて確認する方法が正確ではある。

不均一分散を発見する方法として，いくつかの方法が提案されている。もっとも代表的なものは，ゴールドフェルト・クォントの検定(Goldfeld-Quant's test)と呼ばれるものである。

ここでは，$H_0 : \sigma_i^2 = \sigma^2$, $i = 1, 2, \ldots, n$，つまり，分散が均一であるという帰無仮説について検定を行う。ゴールドフェルト・クォントの検定は，次の手順に基づき実施する。

まず手順1として，予測値$\widehat{Y}_i$の値などに応じて，Ⅰ，Ⅱ，Ⅲの三つのグループに分割する。時系列データにおいては，時間に応じて分割してもよい。ここで，Ⅰ，Ⅱ，Ⅲに含まれる観測値の数は，一般的には，Ⅱがm，ⅠとⅢは同数で，$(n-m)/2$となるようにする。もし，観測値が小さい場合は，Ⅰ，Ⅱの二つに分割してもよい。また，予測値$\widehat{Y}_i$に応じて分割した場合は，検定結果は，漸近的なものとなる。ここでは，mをどのように決めるのかといったことで，全体の分割数が決定されることとなるが，通常は，mは全体の2割程度とする。

続いて，手順2として，Ⅰ，Ⅲのグループ別に，回帰モデルの推定を行い，標本分散$s_Ⅰ, s_Ⅲ$を求める。

最後に，手順3としてF検定を行う。帰無仮説が正しいとすれば，$F = s_Ⅰ/s_Ⅲ$は，自由度が(ν, ν), $\nu = (n-m)/2 - k$のF分布$F(\nu, \nu)$に従い，Fは1近くの値をとる。そこで，任意の検出力(power)に基づき，検定を実施する。具体的には，$F_{1-a/2}(\nu, \nu) < F < F_{a/2}(\nu, \nu)$であれば，帰無仮説は採択され，分散は均一であり，それ以外であれば棄却され，分散は不均一であることがわかる。

不均一分散の検定方法には，ゴールドフェルト・クォントの検定の他に，ブルーシュ・ペイガンの検定(Breusch-Pagan test)，またはホワイトの検定(White test)などがある。

●**不均一分散の修正**　それでは，不均一分散が検出された場合の修正方法を示す。

$Y_i = \beta_1 + \beta_2 X_{2i} + \beta_3 X_{3i} + \cdots + \beta_k X_{ki} + \mu_i$において，$V(\mu_i) = E(\mu_i^2) = \sigma^2$, $i = 1, 2, \cdots, n$であることが前提とされていた。ここでは，$\sigma^2 = V(\mu_i) = \sigma^2 z_i$, $z_i > 0$，つまり，分散が不均一であるとする。z_iは，説明変数，Y_iの期待値$E(Y_i)$，時系列分析における時間や説明変数の関数など，分散に影響する変数である。

$$Y_i = \beta_1 + \beta_2 X_{2i} + \beta_3 X_{3i} + \cdots + \beta_k X_{ki} + \mu_i \tag{12.4}$$

12.1 回帰分析の修正

の両辺を $\sqrt{z_i}$ で割ると,次の式が得られる。

$$Y_i^* = \beta_1 X_{1i}^* + \beta_2 X_{2i}^* + \beta_3 X_{3i}^* + \cdots + \beta_k X_{ki}^* + \mu_i^* \tag{12.5}$$

ここで,被説明変数:$Y_i^* = \dfrac{Y_i}{\sqrt{z_i}}$,説明変数:$X_{1i}^* = \dfrac{1}{\sqrt{z_i}}$,$X_{ji}^* = \dfrac{X_{ji}}{\sqrt{z_i}}$,$j = 2, 3, \ldots, k$,誤差項:$\mu_i^* = \dfrac{\mu_i}{\sqrt{z_i}}$ となる。

このような操作をすることで,$\sigma^2 = V(\mu_i) = \sigma^2 z_i$,$z_i > 0$ であった分散は,$V(\mu_i^*) = V(\mu_i)/z_i = \sigma^2$ となり,均一となる。その最小二乗法による推定は,$S_w = \sum w_i (Y_i - (\beta_1 + \beta_2 X_{2i} + \beta_3 X_{3i} + \cdots + \beta_k X_{ki}))^2$ を最小にすることとなる。このような推定法を,$1/z_i$ を重みとした,**加重最小二乗法**(weighted least squares method, WLS)という。

実際に推定するためには,z_i をどのように選択するのかといったことが問題となる。多くは,e_i または $|e_i|, e_i^2$ のなかから,関数の当てはまりのよさなどから選択する。また,説明変数や被説明変数が大きくなると,分散が大きくなる傾向にある。そのため,それぞれの対数をとってモデルの改善を行う場合もある。しかし,関数の形を変えることは,モデル自体が変わってしまうため,注意しなければならない。

このような方法に加えて,**ホワイトの修正**(White's correction)と呼ばれる方法がある。上記の加重最小二乗法では,分散の形を求める必要があった。しかし,実際の分析においては,適切な $g(z_i)$ を求めることが難しいことがしばしば起こる。その場合,$E(\mu_i) = 0$,$i = 1, 2, \cdots, n$ となるため,$E(\widehat{\beta}_2) = \beta_2$ となるため不偏推定量である。また,一致推定量となる。しかし,分散については,

$$V(\widehat{\beta}_2) = E(\widehat{\beta}_2 - \beta_2)^2 = E\left[\{\sum(X_i - \overline{X})\mu_i \sum(X_i - \overline{X})^2\}^2\right]$$

$$= \dfrac{\sum(X_i - \overline{X})^2 \sigma_i^2}{\{\sum(X_i - \overline{X})^2\}^2} \tag{12.6}$$

となり,σ_i は等しくないため,分散は,$\sigma^2/\sum(X_i - \overline{X})^2$ とはならず,通常の最小二乗法により推定することができなくなる。また,推定された回帰係数は,最良線形不偏推定量(BLUE)ではない。

そこで,分散に σ_i^2 を代入した形の推定量:$\widehat{V}(\widehat{\beta}_2) = \dfrac{\sum(X_i - \overline{X})^2 e_i^2}{\{\sum(X_i - \overline{X})^2\}^2}$ を用

いれば，漸近的にではあるものの，正しい分散・標準誤差を求めることができる。

そうすることで，回帰係数の t 検定など，一般的な最小二乗法と同様に行うことが可能となる。このような方法は「ホワイトの修正」と呼ばれる。

12.2 説明変数間に相関がある場合：多重共線性の問題

最後に，「説明変数は，互いに独立であり，他の説明変数の線形関数で表すことはできない」という仮定について考えてみよう。経済社会が複雑になってくると，ある事象を説明するためには，多くの変数が必要になってくる。そのように説明する変数が増加してくると，説明変数が互いに独立であるという仮定を満たすことが難しくなってくる。説明変数間で相関を持ってしまうことが出てくるのである。第10章でも学んだように，このような問題は，「多重共線性」と呼ばれる。このような説明変数の間に強い相関関係が存在する場合，回帰分析により得られる結果に悪い影響が出ることがある。

具体的には，同時に用いる説明変数の加除により回帰式の係数が大きく変化してしまうという問題である。また，通常考えられる符号と異なる結果が得られるということも起こりやすい。たとえば，「建築後年数が増加すると住宅価格が下落する」と考えていたとする。しかし，建築後年数とその他の説明変数との間に共変関係があると，「建築後年数が増加すると価格が上昇する」という推計結果が出てしまうという問題が起こる。また，前章で学習したモデル選択の統計量である「決定係数」が高くなる一方で「t 値」(第10章参照)が低く，有効な推定結果が得られないという問題が起こる。

このような多重共線性の有無を調べる統計量として，VIF (variance inflation factor, 分散拡大要因) がある。VIF は，説明変数が X_1, X_2 という2変数の場合には，次のように計算される。

$$\mathrm{VIF} = \frac{1}{1 - r^2(X_1, X_2)} \tag{12.7}$$

$r^2(X_1, X_2)$ は，X_1, X_2 の相関係数の2乗である。VIF が大きいほど，多重共線性の影響があるといわれており，これが10より大きい場合には，明らかに

多重共線が存在するといわれている。ただし，この統計量の根拠はないために，あくまでも参考指標の一つとすべきである。一般的には，説明変数間の相関マトリックスを見ながら，推計されるモデルの結果と合わせて判断していくことになる。

もし，多重共線性の存在が認められた場合は，どうしたらいいのであろうか。もっとも簡単な回避の方法の一つは，共線性にある説明変数の片方を回帰式から除くという方法である。

加えて，しばしば利用される方法としては，合成変数を作成するという方法である。つまり，X_1, X_2 の間に相関関係が認められた場合には，この二つの変数を使った合成変数を作り，回帰モデルに一つの変数として入れるということが考えられる。

それでは，どのように合成変数を作ったらいいのかということになる。一つの方法は，分析対象となる市場に合わせて，モデルを作って合成変数を作るという方法である。もう一つは，因子分析などの統計的な手法を用いて，変数間で独立な(相関がない)新しい説明変数を作って，それを回帰モデルに組み込むというものである。

このような因子得点を作った回帰モデルとしては，**共分散構造分析**(covariance structure analysis)と呼ばれる手法がある(詳細は清水(1997)[13]を参照)。

伝統的な因子分析を通じて因子得点を作って回帰モデルに組み込む方法は，統計的な意味での近さによって因子得点を作ってしまうため，その得点を解釈することが困難になることがある。その意味で，一般的な因子分析は，探索的因子分析(exploratory factor analysis)と呼ばれる。

共分散構造分析は，仮説的構造を明示化し因子分析を実施する確認的因子分析(confirmatory factor analysis)とパス解析による因果性分析を踏まえて，変数間の共分散構造から因果関係を確認するための手法であり，因子分析・重回帰分析とともに，連立方程式体系を包含するモデル体系である。

もっとも古い推計方法としては，1978年にJoreskogによって開発されたLISREL モデル(analysis of linear structural relationship)が有名である(Oud and Jansen(1995)[12])。

具体的には，LISREL においては，構造方程式モデルは，
$$\eta = B\eta + \Gamma\xi + \zeta \tag{12.8}$$
と定式化され，測定方程式 η からの因果係数行列 Λ_y と，ξ からの因果係数行列 Λ_x の二つに区別して表現する。

$$\text{内生変数測定モデル} \quad y = A_y\eta + \varepsilon$$

$$\text{外生変数測定モデル} \quad x = A_y\xi + \delta$$

ここで，外生的構造変数および誤差変数 $(\xi', \varsigma', \varepsilon', \delta')$ の共分散行列は，

$$\begin{bmatrix} \phi & 0 & 0 & 0 \\ 0 & \phi & 0 & 0 \\ 0 & 0 & \theta_\varepsilon & 0 \\ 0 & 0 & 0 & \theta_\delta \end{bmatrix}$$

となり，観測変数 x の共分散行列は，

$$\Sigma_x = \begin{bmatrix} \Sigma_y & \Sigma_{yx} \\ \Sigma_{xy} & \Sigma_x \end{bmatrix} = \begin{bmatrix} \Lambda_y B^{-1}(\Gamma\varphi\Gamma' + \psi)B^{-1}\Lambda_y + \theta_\varepsilon & \Lambda_y B\Gamma\phi\Lambda_x' \\ \Lambda_x\phi\Gamma'B^{-1}\Lambda_y' & \Lambda_x\phi\Lambda_x' + \theta_\delta \end{bmatrix} \tag{12.9}$$

のように定式化される。ここで，$\Sigma = \Sigma(\theta)$ を推定しようとするとき，その十分統計量は S であり，S はウィシャート分布に従う。つまり，

$$F(S, \theta) = \log|\Sigma| + \text{tr}(S^{-1}\Sigma) - \log|S| \tag{12.10}$$

を最小にするように最尤推定量を求める。

今では，このような共分散構造分析は，統計ソフトに組み込まれており，容易に利用されるようになってきている。

第13章

回帰分析を超えて

近年,機械学習または,ビッグデータ分析が注目されるようになってきている。統計分析がビジネスと融合するようになってきたのは,それほど長い歴史を持つものではない。伝統的な統計分析がビジネス社会で活用されるようになってきたのは,データマイニングと呼ばれた技術がビジネスのなかで投入されたときであろう。データマイニングと呼ばれる技術が登場するなかで,一般的な統計学の教科書には掲載されていなかったいくつかの統計分析技術が紹介されるようになってきた。その代表的なものがディープラーニング,ニューラルネットワークまたは決定木であろう。本章では,回帰分析を超えた手法としてのこれら二つの手法を中心に解説したい。

13.1 ビッグデータ分析とデータマイニング[*1]

近年においては,機械学習または,ビッグデータ分析といった言葉がしばしば聞かれるようになってきた。もう一世代前には,「データマイニング(data mining)」という言葉が流行ったときがある。伝統的な統計解析技術が,コンピューター技術の発達によってビジネスでの様々なシーンに応用されるようになっていった草分け的な試みであったといっても過言ではない。近年のビッグデータ分析において活用される様々な分析手法は,今から20年ほど前にデータマイニングとして登場してきた各種手法を超えるようなものではないことも確かである。

[*1] 本章は2000年に開催された「日本統計学会・データマイニングシンポジウム」での報告が出発点となっている。また,清水(2004)[16] 第10章を加筆修正したものとなる。その意味で,最新の動向が十分に取り入れられていない可能性は残る。

データマイニングとしてもてはやされた頃には，各企業に蓄積されたデータを解析することで，ビジネス的に収益増をもたらす結果(金鉱)を掘り当てる技術として注目された。その意味では，知識発見(knowledge discovery in database, KDD)と同義となる(豊田(2001)[23])。

　また，機会学習・ビッグデータ分析，データマイニングというと，統計分析手法と考える方も多い。しかし，これらで利用する統計分析手法は様々であり，分析対象に応じて変化してくる。たとえば，回帰分析をはじめ，時系列予測法，クラスター分析なども，分析ツールの一つとして入ってくる[*2]。なかでも分析ツールとして，特に1990年代の初頭に注目さたのが，ニューラルネットワークや人工知能エンジンとしての決定木(decision tree)や回帰木(regression tree)などであり，さらにはマーケットバスケット分析，記憶ベース推論(MBR)，リンク分析や遺伝的アルゴリズムなども含まれる場合がある。つまり，機械学習・ビッグデータ分析または，かつてのデータマイニングと呼ばれたものは，個別の統計分析を意味するものではなく，各種の統計分析とビジネス環境での活用を統合して，知的発見を通じてビジネス・プロセスと結び付けている行為の総称として扱われていたといえよう。

　これらの概念の登場により，統計的手法がビジネス・プロセスのなかで本格的に活用され，さらに，その経済的効果が明確になるなかで市民権を得てきた。また統計分析が，専門家による単なる研究・開発の手段にとどまらずビジネス環境での「行動」に直結し，大きな収益を生み出してきたのである。そのなかで，多くのソフトウェアが登場し，推計手続きの容易さとビジュアル化の成功により，統計ユーザーの裾野を大きく広げてきた。

　さらに，近年においては，機械学習・ビッグデータ分析という言葉が流行語になるほどに，多くの企業で新しい挑戦がはじまっている。このような挑戦は，データマイニングがもてはやされた頃と比較して大きな統計学的な意味で進歩があったわけではない。たしかにコンピューター技術のさらなる進歩が，一層大きなデータを分析することができるようになったことは確かである。ま

[*2] 「データマイニング」というタイトルがついた多くの本が出版されたが，それぞれの本によってとりあげている統計分析手法はまちまちであった。また，いくつかのソフトウェアが販売されているが，そこに含まれている統計分析手法も統一的なものではない。

た，データマイニングが登場した頃は，分析手法としての発達はあったが，各企業に分析ができるだけのデータが蓄積されていなかった。しかし，各企業でのIT化が急速に進むことで，様々なビジネスのシーンでのデータの蓄積が計画的かどうかは別として行われてきた。そのことが，近年のブームを後押ししたことも確かであろう。

加えて，データサイエンティストという職種が誕生し，このような分野で仕事をする人材が投入されていった。つまり，新しい職種の誕生によって人材の入れ替えが起こるなかで，各企業で飛躍的にデータ分析を行う専門家が増え，そのようななかで企業の中で市民権を得てきているとも考えられよう。

ここで，分析手法に戻れば，そこで利用されている分析手法は，回帰分析，差の検定・層別化などといった基本的な分析手法を繰り返し実施したり，またデータマイニングが登場した頃に注目された時の代表的な分析手法であるディープラーニング，ニューラルネットワークや決定木・回帰木が利用されたりしている。ニューラルネットワークや決定木の基礎的な開発が進められていた頃を振り返ると，その実験データとして利用されていたのが，本書の例題として採り上げてきた住宅価格の予測事例であった[*3)]。

また，人工知能エンジンとしての回帰木が統計学の分野で高い評価を受けるきっかけとなったのが，Harrison and Rubinfeld(1978)[4)]が不動産価格形成要因分析を行った「ボストンの住宅価格データ」を対象とした統計実験によるものであった(豊田(2001)[23)])。

本章では，ニューラルネットワークと人工知能エンジンの二つに絞り，住宅価格の予測の推計例とともに紹介する。

[*3)] たとえば，住宅ローンの二次市場が発達に大きく貢献したFederal Home Loan Mortgage Corporationのフレディ・マック(Freddie Mac)は，米国全土の住宅に対する価格査定を自動的に行うことができるLoan Prospectorと呼ばれる製品開発をした。このエンジンには，HNC, Incのニューラルネットワークに基づいている(ベリー・リノフ(1999)[7)])。さらに，IBMにおいても不動産評価に関する研究開発が行われた(ビーガス(1997)[6)])。わが国は，地価形成要因分析や地価予測の実証研究が活発に行われている国の一つであるといえよう。たとえば，清水(1998)[14)]，(2004)[16)]，清水・唐渡(2007)[17)]。

13.2 ニューラルネットワークによる不動産価格関数の推定

13.2.1 ニューラルネットワーク

機械は人間を超えることができるのか？ 情報処理技術の研究は，常にこの問いを意識して行われてきた。この研究は，1940年代に本格化し，フォン・ノイマンによる直列処理による計算機とともに，並列処理のそれに対する研究という大きな二つの流れのなかで行われた。ニューラルネットワーク(neural network, NN)とは，人間の脳神経細胞の並列処理システムを模して開発がすすめられたものである。

人間の脳神経細胞(neuron, ニューロン)は，細胞体・樹状突起・軸策の三つの部分から構成されており，さらに軸策の末端にはシナプス(synapse)という部位があり，ここを通じて各細胞の情報伝達が行われる(松本・大津(1994)[8])。

脳神経細胞の情報伝達は，軸策・樹状突起の結合部で行われてあり，それはシナプス結合と呼ばれている。このような脳神経細胞の情報伝達を模して開発されたのが高度情報並列処理としてのニューラルネットワークなのである。

ニューラルネットワークのなかにも様々な情報処理方法があるが，最も代表的なのが逆伝播学習(back propagation)を伴う階層型(feedforward)ネットワークモデルとなる[*4]。階層型ニューラルネットワークは，大きく3つの層から構成される(図13.1)。回帰分析でいう説明変数に該当する入力層と被説明変数に該当する出力層，そして，その両者を結合させる中間層である。

具体的には，入力層$(x_1, \ldots, x_I)$に対して，学習アルゴリズムにより最適な結合強度$(w_1, \ldots, w_I)$を決定する。そして，ニューロンは重みをつけられた値を統合する。式で表現すると，次のようになる。

$$u = w_0 + \sum_{1}^{I} w_i x_i \qquad (13.1)$$

さらに，励起関数$F(\cdot)$は，特定のニューロンの出力を生成するために適用

[*4] 本章で扱う階層型ネットワークモデルのなかには，一部の情報が戻ってくるリカレント型，そのなかに中間層からフィードバックするエルマン型，出力層から戻ってくるジョルダン型が存在している。さらに相互結合型ネットワークなどもあるが，階層型が最も頻繁に利用されていると考えていいだろう(詳細は，豊田(1996)[22])。

13.2 ニューラルネットワークによる不動産価格関数の推定

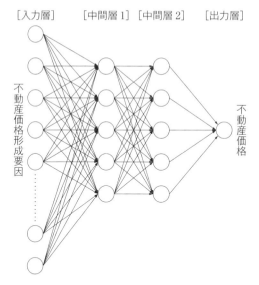

図 13.1　階層型ニューラルネットワーク

される。典型的な関数としては，次のシグモイド関数が与えられる。

$$f(u) = \frac{1}{1-\exp(-u)} \quad (13.2)$$

このような関数を通じて，出力は，$f(w_0 + \sum_1^I w_i x_i)$ として求められるのである。

そして出力層 y_k に対して，次のように適合させる。

$$y_k = F\{w_{0k}^{(2)} + \sum_{j=1}^{J} w_{jk}^{(2)} F(w_{0j}^{(1)} + \sum_{i=1}^{I} w_{ij}^{(1)} x_i)\} \quad (13.3)$$

これは，一つの中間層を持つ場合であるが，中間層は非線形性が強い場合には，二つ以上に設定することもある。このような構造によって推計が可能となることから，一般的な統計モデルが想定している線形関係または単純な非線形関係だけでなく，複雑な非線形関係の構造推定ができるという特徴を持つ。

13.2.2　回帰木

人工知能（artificial intelligence, AI）の実用化の典型的なものとしては，様々なエキスパートシステムとして活用された。エキスパートシステムでは，様々な行動様式を明示的に定義し，膨大な法則性とデータを認識させて，専門家の

意思決定を支援・代行することができた。しかし，そのためには，常に変化する市場に対応させてプログラムを変更していくことが必要であり，維持・管理していくためのコストが大きく，さらに入力された法則性だけしか対応することができないため，命令どおりに動く従順なものではあるが，成長性が低いという評価を受けた。

このようななかで登場したのが，**機械学習**(machine learning)である。機械学習を通じて，大量のデータを分析することで法則性を導出し，自律的に現象の構造を獲得していくことが可能となったのである(詳細は，森下・宮野(2001)[9]，豊田(2001)[23])。

その統計学的な技術は，決して新しいものではなく，多段層別化というものであった(豊田(2001)[23])。

この手法は，C&RT(Classification and Regression Tree)は，Harrison and Rubinfeld(1978)[4]のボストンの住宅価格データを用いた分析で，統計学的な優位性が認められた。C&RTは「分類および回帰二進木」の略であり，データを二つのサブセットに分割した上で，先のサブセットよりも等質になるように成長させていく。

具体的には，住宅価格の予測を例にとれば，住宅価格を形成している各種変数を用いて，等質になるように，分類されたデータのサブセットの純粋度が高くなるように分割する。そのためには，分岐していく際における不純度をどのように定義するのかといった指標選択の問題がある。

たとえば，住宅価格という量的変数を対象とする場合には，最小二乗偏差(LSD)という統計量を使うことが一般的である。LSD 測度 $R(t)$ は，次のように定義される。

$$R(t) = \frac{1}{N_w(t)} \sum_{i \in t} w_n f_n (y_i - \bar{y}(t))^2 \tag{13.4}$$

$N_w(t)$：ノード t 内の重み付けの数

w_n：重み付けの値

f_n：度数変数の値

y_i：実測値

$\bar{y}(t)$：ノード t の平均値

また，ノード t における分岐 s に対する LSD 基準関数は，次のように定義される．

$$\phi(s, t) = R(t) - p_L R(t_L) - p_L R(t_R) \quad (13.5)$$

この値は，「改善度」として推定される．具体的な推計手続きは，ノード $t = 1$ から始めて，不純度の減少が最大となる分岐 s^* を探索する．

$$\phi(s, 1) = \max_{s \in S} \phi(s, 1) \quad (13.6)$$

このように繰り返していくことで，高度に層別化された均質な性質を持つデータ群へと分割されることで，単純な回帰などでは扱うことができない非線形性や構造を推計できることで予測が可能となるのである．

13.3 住宅価格データによる予測精度の比較

13.3.1 回帰モデルによる住宅価格関数の推計

住宅のような不動産価格の価格の決定は，不動産鑑定士と呼ばれる専門家によって行われている．それでは，伝統的な回帰分析，またはニューラルネットワークや回帰木といった統計的な分析手法は，不動産鑑定人の代役を務めることはできるであろうか．また，これらの手法のなかで，どの手法が最も価格予測力が高いのであろうか．それぞれの推定法においては，どのような特徴を持つのであろうか．

ここで，回帰分析（OLS）とニューラルネットワーク，回帰木によるモデルの特性を統計的に検証し，自動価格査定装置の開発可能性を探る．

実験に当たり，リクルートすまいカンパニーが運用している住宅情報サイト「SUUMO」に掲載された 2000 年から 2015 年までの，戸建て住宅の価格 77,388 件を用いることとした．

分析データの統計分布を表 13.1 に示す．

まず価格分布を見てみると，平均は 5,745.41 万円で 850 万円から 3 億円と，最小と最大で 35 倍近くの価格差がある．さらに，建築後年数も新築（0 年）の物件から築後 34 年ときわめて古い物件までも対象としている．本来であれば，本書でも学習してきたが，構造が異なるデータ群が混ざっている場合には（その可能性はきわめて高いが），市場を十分に層別化した上で分析することが必

表 13.1 戸建て住宅価格の要約統計量

	平均値	中央値	標準偏差	分散	最小値	最大値
価格(万円)	5,745.41	4,980.00	3,056.83	9,344,186.80	850.00	30,000.00
専有面積(m^2)	101.50	94.60	35.73	1,276.80	31.19	497.81
土地面積(m^2)	86.63	79.43	40.39	1,631.41	19.61	495.86
部屋数	3.49	3.00	0.92	0.84	0.00	47.00
建築後年数	4.17	0.33	7.73	59.82	0.00	34.33
前面道路幅員(m)	4.90	4.00	2.00	3.99	2.00	35.00
最寄り駅までの徒歩時間(分)	10.34	10.00	4.87	23.68	0.00	69.00
都心までの時間(分)	30.81	31.00	7.74	59.88	1.00	154.00

サンプル数：77,388

要である．しかし，そのようなことも含めて，どの手法の予測力がすぐれているのかを確認することを目的とした実験という意味から，すべてのデータを対象として分析することとした．ここでは，その推計誤差の分布を詳しく見ることとした．

まず，このデータを用いて最も単純な線形モデルである最小二乗法(ordinary least square, OLS)で推定したものが表 13.2 である．

自由度調整済み決定係数で 0.827 と比較的説明力の高いモデルとして推定された．

表 13.2 OLS による住宅価格関数の推計結果

	予測値	標準誤差	t 値	p 値
定数項	8.542	0.035	245.370	0.000
専有面積(m^2)	0.005	0.000	148.334	0.000
土地面積(m^2)	0.003	0.000	121.357	0.000
部屋数	0.006	0.001	7.053	0.000
建築後年数	0.007	0.000	21.551	0.000
前面道路幅員(m)	−0.012	0.000	−156.533	0.000
最寄り駅までの徒歩時間(分)	−0.010	0.000	−77.589	0.000
都心までの時間(分)	−0.006	0.000	−53.660	0.000
木造ダミー	−0.043	0.002	−18.058	0.000
南向きダミー	0.017	0.001	11.920	0.000
都市計画用途：商業	−0.007	0.003	−2.033	0.042
都市計画用途：工業	−0.050	0.002	−23.041	0.000
容積率	−0.0005	0.000	−4.088	0.000
建坪率	0.0002	0.000	−16.931	0.000
地域ダミー			Yes	
時間ダミー			Yes	

サンプル数：77,388
自由度調整済み決定係数：0.827

13.3.2 ニューラルネットワーク・回帰木のモデル推計

続いて，ニューラルネットワークである．階層型ニューラルネットワークでモデル構築をするにあたり，ネットワークの構造を，これをネットワーク・トポロジーと呼ぶが，どのように設定するのかといった問題もある．具体的には，図13.1は，中間層が二つのユニット数がそれぞれ五つの構造を示している．ここでは，入力層(説明変数)として表13.2に示した13の変数に加えて，22個の地域ダミーと62個の時間ダミーの合計で97の情報を持つことから，($N97\_5\_5\_1$)のモデルと考えることができる．最初に，入力値の数を，続いて中間層のユニットの数，そして出力の数を示す．

入力値は97個，中間層が一つまたは，二つのケースに対して，ユニット数を5または6のケースとして，それぞれ計算を行った．

最後に回帰木である．式(13.4)から式(13.6)に示す条件で推計した結果を図13.2に示した．最初の分割は，専有面積(S)の大きさによって行われている．123平方メートルを境に二つのグループに分割される．続いて，第二層では地域区分(f)によって行われている．さらには，築年数(A)や土地面積(L)などの大小によっても分割されていく様子がわかる．

13.3.3 手法別予測精度比較

ここで，最小二乗法(OLS)，ニューラルネットワーク，回帰木の誤差率の分布を比較してみよう．誤差率とは，予測値を実際の値で割ったものであり，1に近づくほど予測精度が高いことを意味する．

ここでは，誤差率の平均値を見ると，OLSで1.014，ニューラルネットワークで1.025と1.4%から2.5%しか全体としては外れることはなく，回帰木に至っては1.001と0.1%しか外れないことがわかる．このような結果だけを見れば，このような統計的手法は，十分に不動産鑑定士などの専門家に取って代わることができるといってもいいであろう．

しかし，その分布に着目すると，OLSでは実際の価格よりも0.361と3割強の水準までと安く見積もってしまう可能性もあれば，3.762と3倍以上の価格を予測してしまう可能性もある．

このような外れ方は，ニューラルネットワークの方が大きく，決定木はそれ

13. 回帰分析を超えて

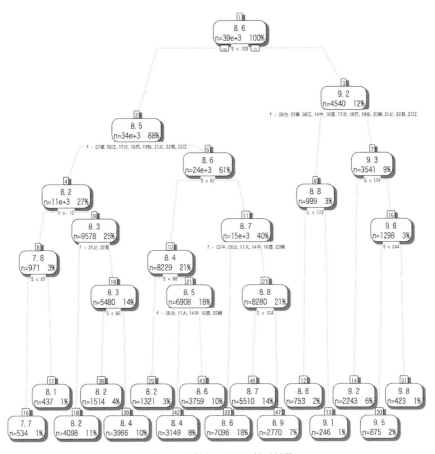

図 13.2　回帰木における推計結果

表 13.3　誤差率の分布

	OLS	ニューラル ネットワーク	回帰木
平均値	1.014	1.025	1.001
中央値	0.995	0.997	0.985
標準偏差	0.185	0.234	0.207
分散	0.034	0.055	0.043
最小値	0.361	0.222	0.319
最大値	3.762	4.475	3.068
25%タイル点	0.905	0.886	0.882
50%タイル点	0.995	0.997	0.985
75%タイル点	1.097	1.137	1.107

13.2 住宅価格データによる予測精度の比較

ほどまでではないものの，OLSと同程度の水準での誤差を持つことがあることが示されている。

その分布をヒストグラムとして比較したものが，図13.3である。分布としては，OLSの外れ方が総じて小さいことがわかる。

このような結果は，たまたまサンプリングされたデータでの結果であるという批判も考えられる。そこで，復元抽出法によって，それぞれの手法毎に500回ずつ推計用データと検証用データを抽出し，誤差率の平均値の分布を箱ひげ図としてみたものが，図13.4である。

具体的には，推計用データと検証用データを繰り返し，500回無作為に抽出し，それぞれの手法ごとに500回ずつモデルを推計し，検証用データに予測す

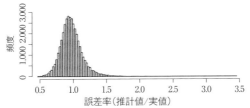

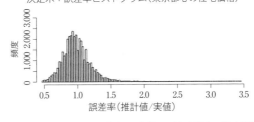

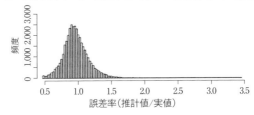

図13.3 手法別誤差率の分布

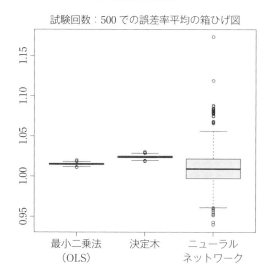

図 13.4　誤差率の平均値の分布（実験回数 500 回：$n = 500$）

ることで誤差率を計算し，その手続きから得られた 500 組の分布の平均値を見た．その誤差率の 500 回分の平均を箱ひげ図として比較したものが，図 13.4 である．

この図からも明らかなように，ニューラルネットワークのような非線形性を表現することができる手法は，場合によっては大きく予測値を外してしまう可能性があることがわかる．つまり，安定性といった意味では，OLS や回帰木の方が勝っている可能性がある．

このような結果をもって線形回帰がニューラルネットワークや回帰木よりも予測精度が高いということはいえない．洗練された回帰分析は，洗練されていない回帰木やニューラルネットワークよりも勝ることがあるであろう．また，洗練されたデータサイエンティストによって構築されたニューラルネットワークや回帰木のモデルは，安定的な結果をもたらすかもしれない．いずれにおいても，分析者に依存する部分は多く残るのである．

13.4 ビッグデータ分析の可能性と限界

　いまだに統計研究者のなかには，機械学習・ビッグデータ分析やデータマイニングを好まない人も多い。計量経済学者に至っては，その傾向が一層強くなる。筆者もその一人である。探索的なアプローチは重要ではあるものの，専門家として統計的手法を利用する場合には，検証的な分析が主流であると考えている。データから多くの"知"の発見がもたらされた実績を知りつつも，日常業務やフィールドワークから発見される知見の方がはるかに多く，かつ有効であると考える。

　また，市場の効率性問題とも関係するが，このような方法で発見された"知"は不変的なものではなく，つねに変化している。

　1990年代にデータマイニングが米国で普及しはじめた頃に，わが国の多くの企業も導入を試みた。しかし，個人情報の宝庫と思われていた金融機関はもっとも熱心な業態の一つであったが，日本の銀行は特にデータマイニングを適用できるような情報は蓄積されていなかった。これが，日米間における金融機関の力の差となっているという人もいる。そのなかで，多くの金融機関ではデータの蓄積が行われるようになった(とくに Fin Tec，つまり情報技術を駆使した金融サービスの分野において)が，まだまだ不十分な状況にある。

　しかし，このように蓄積されるデータベースの構造が常に変化していくといった意味で，機械学習・ビッグデータ分析，データマイニングの限界がある。具体的には，統計分析には，成功事例と失敗事例の双方を収集していくことが必要である。たとえば，住宅のマーケティング情報では，成約に結びついた事例と結びつかなかった事例を収集し，その差を読み解くことで知的な情報抽出を行い，次の商品企画・広告戦略・販売戦略などに生かしていく。また，住宅情報誌などの価格分析では，情報誌を通じて情報発信を行い，成約に結びついた事例とそうでない事例を分析することで原因解明をし，真の市場価格やその他の要因などを抽出していく。仮に，このような情報抽出から得られた知見をもって，その失敗事例を消滅させていくと，データ分析そのものができなくなってしまう。つまり，一時的には重要な情報であっても，その情報はすぐに陳

腐化してしまう。そうすると，また失敗事例が増加し，その繰り返しを行うこととなる。

　ビッグデータ分析，データマイニングは，けして万能ではなく，その分析過程などで得ることができた情報の方がはるかに有意義な場合が多い。現場を知らないデータサイエンティストがいくつ高い技能を持ってデータを分析し続けても，現場では簡単に解決できてしまうことも少なくない。データサイエンティストが持つ Science と現場での Arts の融合が何よりも大切なのである。

　このような悩みは，市場分析が十分に機能することで初めてぶつかるものである。ビジネス社会においては，専門家として身につけるべき知識体系を再整理すべき時期に来ているものと考える。

付　　　録

t 分布表

自由度 \ 上側確率	0.1	0.05	0.025	0.02	0.01	0.001
1	3.078	6.314	12.706	15.895	31.821	318.309
2	1.886	2.920	4.303	6.965	6.965	22.327
3	1.638	2.353	3.182	4.541	4.541	10.215
4	1.533	2.132	2.776	3.747	3.747	7.173
5	1.476	2.015	2.571	3.365	3.365	5.893
6	1.440	1.943	2.447	3.143	3.143	5.208
7	1.415	1.895	2.365	2.998	2.998	4.785
8	1.397	1.860	2.306	2.896	2.896	4.501
9	1.383	1.833	2.262	2.821	2.821	4.297
10	1.372	1.812	2.228	2.764	2.764	4.144
11	1.363	1.796	2.201	2.718	2.718	4.025
12	1.356	1.782	2.179	2.681	2.681	3.930
13	1.350	1.771	2.160	2.650	2.650	3.852
14	1.345	1.761	2.145	2.624	2.624	3.787
15	1.341	1.753	2.131	2.602	2.602	3.733
16	1.337	1.746	2.120	2.583	2.583	3.686
17	1.333	1.740	2.110	2.567	2.567	3.646
18	1.330	1.734	2.101	2.552	2.552	3.610
19	1.328	1.729	2.093	2.539	2.539	3.579
20	1.325	1.725	2.086	2.528	2.528	3.552
21	1.323	1.721	2.080	2.518	2.518	3.527
22	1.321	1.717	2.074	2.508	2.508	3.505
23	1.319	1.714	2.069	2.500	2.500	3.485
24	1.318	1.711	2.064	2.492	2.492	3.467
25	1.316	1.708	2.060	2.485	2.485	3.450
26	1.315	1.706	2.056	2.479	2.479	3.435
27	1.314	1.703	2.052	2.473	2.473	3.421
28	1.313	1.701	2.048	2.467	2.467	3.408
29	1.311	1.699	2.045	2.462	2.462	3.396
30	1.310	1.697	2.042	2.457	2.457	3.385

F 分布表（1％点）

$N-2k$ \ k	1	2	3	4	5
1	4052.19	4999.52	5403.34	5624.62	5763.65
2	98.502	99.000	99.166	99.249	99.300
3	34.116	30.816	29.457	28.710	28.237
4	21.198	18.000	16.694	15.977	15.522
5	16.258	13.274	12.060	11.392	10.967
6	13.745	10.925	9.780	9.148	8.746
7	12.246	9.547	8.451	7.847	7.460
8	11.259	8.649	7.591	7.006	6.632
9	10.561	8.022	6.992	6.422	6.057
10	10.044	7.559	6.552	5.994	5.636
11	9.646	7.206	6.217	5.668	5.316
12	9.330	6.927	5.953	5.412	5.064
13	9.074	6.701	5.739	5.205	4.862
14	8.862	6.515	5.564	5.035	4.695
15	8.683	6.359	5.417	4.893	4.556
16	8.531	6.226	5.292	4.773	4.437
17	8.400	6.112	5.185	4.669	4.336
18	8.285	6.013	5.092	4.579	4.248
19	8.185	5.926	5.010	4.500	4.171
20	8.096	5.849	4.938	4.431	4.103
21	8.017	5.780	4.874	4.369	4.042
22	7.945	5.719	4.817	4.313	3.988
23	7.881	5.664	4.765	4.264	3.939
24	7.823	5.614	4.718	4.218	3.895
25	7.770	5.568	4.675	4.177	3.855
26	7.721	5.526	4.637	4.140	3.818
27	7.677	5.488	4.601	4.106	3.785
28	7.636	5.453	4.568	4.074	3.754
29	7.598	5.420	4.538	4.045	3.725
30	7.562	5.390	4.510	4.018	3.699
31	7.530	5.362	4.484	3.993	3.675
32	7.499	5.336	4.459	3.969	3.652
33	7.471	5.312	4.437	3.948	3.630
34	7.444	5.289	4.416	3.927	3.611
35	7.419	5.268	4.396	3.908	3.592
36	7.396	5.248	4.377	3.890	3.574
37	7.373	5.229	4.360	3.873	3.558
38	7.353	5.211	4.343	3.858	3.542
39	7.333	5.194	4.327	3.843	3.528
40	7.314	5.179	4.313	3.828	3.514

文　　献

1) Diewert, W. E. and C. Shimizu (2015), "Residential property price indexes for Tokyo," Macroeconomic Dynamics, 19(08), 1659-1714.
2) Edgeworth, F. Y. (1888), "Some new methods of measuring variation in general prices," Journal of the Royal Statistical Society, 51, 346-368.
3) Fisher, I. (1911), The Purchasing Power of Money, Macmillan.
4) Harrison and Rubinfeld (1978), "Hedonic prices and the demand for clean air " Journal of Environmental Economics & Management, 5, 81-102.
5) Imai, S., C. Shimizu and T. Watanabe (2012), "How fast are prices in Japan falling?, " RIETI Discussion Paper Series, No. 12-E-075. (The Research Institute of Economy, Trade and Industry).
6) ジョゼフ・P・ビーガス(1997),『ニューラルネットワークによるデータマイニング』日経 BP 社.
7) マイケル・J・A・ベリー, ゴードン・リノフ(1999),『データマイニング手法』海文堂.
8) 松本元・大津展之(1994),『脳・神経系が行う情報処理とそのモデル』培風館.
9) 森下真一・宮野悟編著(2001),『発見科学とデータマイニング』共立出版.
10) 縄田和満(1998),『Excelによる回帰分析入門』朝倉書店.
11) 日本音響学会道路交通騒音調査研究委員会(1999),『道路交通騒音の予測モデル"ASJ Model 1998" ―日本音響学会道路交通騒音調査研究委員会報告―』日本音響学会誌, 55(4), 281-324.
12) Oud, J. H. L and A. R. G. Jansen (1995), "Nonstationary longitudinal LISREL model estimation from incomplete panel data using EM and the Kalman smoother" in U. Engel and J. Reincke(eds.), Analysis of Change, de Gruyter.
13) 清水千弘(1997),「農地所有者の土地利用選好に関する統計的検討―生産緑地法改正における農地所有者行動を中心として―」総合都市研究（東京都立大学）, 62, 31-45.
14) 清水千弘(1998),「不動産市場分析における統計的手法適用の最近の話題」不動産鑑定, 1998.6月号, 77-91.
15) 清水千弘(2000),「取引情報を用いた住宅市場環境と購入者の個別選好の把握手法に関する研究」, 日本統計学会(日本-中国統計シンポジウム―データマイニングシンポジウム―)(オリンピック記念館), 2000.11.
16) 清水千弘(2004),『不動産市場分析』住宅新報社.
17) 清水千弘・唐渡広志(2007),『不動産市場の計量経済分析』（応用ファイナンス講座 4）朝倉書店.
18) Shimizu, C. and K. G. Nishimura (2007), "Pricing structure in Tokyo metropolitan land markets and its structural changes: pre-bubble, bubble, and post-bubble periods," Journal of Real Estate Finance and Economics, 35(4), 495-496.

19) Shimizu, C., K. G. Nishimura and K. Karato (2014), "Nonlinearity of Housing Price Structure: Secondhand Condominium Market in Tokyo Metropolitan Area," International Journal of Housing Markets and Analysis, 7(3), 459-488.
20) SPSS(2001),『マーケティングのためのデータマイニング入門』東洋経済新報社.
21) 鈴木達三・高橋宏一(1998),『標本調査法』(シリーズ調査の科学)朝倉書店.
22) 豊田秀樹(1996),『非線形多変量解析ニューラルネットによるアプローチ』朝倉書店.
23) 豊田秀樹(2001),『金鉱を掘り当てる統計学―データマイニング入門―』講談社.
24) Wonnacott, R. J, and T. H. Wonnacott(1981), Regression, John-Wiley & Sons Wiley.
25) Wozzala, E., M. Lenk, and A. Silva (1995), "An exploration of neural networks and itsapplication to real estate valuation," The Journal of Real Estate Research, 10(2), 185-201.
26) 矢川元基(1992),『ニューラルネットワーク―計算力学・応用力学への応用―』培風館.
27) 吉澤康和(1989),『新しい誤差論』共立出版.

索　引

欧　文

AIC（赤池の情報量基準）　108, 111
BIC（シュバルツのベイズ情報量基準）　108
BLUE（最良不偏推定量）　97, 118
F 検定　100, 113
F 値　100, 113
GLS（推定可能な一般化最小二乗法）　121
HHI（ハーフィンダール・ハーシュマン指数）　59
Mallow's Cp　108
NN（ニューラルネットワーク）　130
OLS（最小二乗法）　134
p 値　115
t 検定　82, 112
t 値　81, 112
VIF（分散拡大要因）　124

あ　行

赤池の情報量基準（AIC）　108, 111

因果関係　62

駅までの距離　13
エッジワース　28

か　行

回帰木　6, 128, 131, 135
回帰係数　88, 107
回帰分析　76, 81
外挿の危険　84, 94
価格指数　26, 29, 35
加重最小二乗法　123
加重平均　29
カルバック・ライブラー情報量　108
カルリ指数　32
間接測定　14

機械学習　6, 127, 132
幾何平均　21, 25, 26, 31
記述統計　11
基準化　68
帰無仮説　82, 100
共分散　66
共分散構造分析　125

偶発（偶然）誤差　12
クロスセクション・データ　18

系統誤差　12
系列相関　119
決定木　6, 128, 138
決定係数　81, 91, 108, 110
検定　107

構造変化テスト　98

構造変化問題　94
誤差　12
ゴールドフェルト・クォントの検定　122

さ　行

最小二乗基準　77
最小二乗法　75, 77, 87, 90, 97, 118, 134, 135, 138
最頻値　21, 24
最良不偏推定量（BLUE）　97, 118
残差　13, 80
残差平方和　100
算術平均（平均値）　21, 22, 26, 28, 30, 31, 44, 53, 60, 66

サンプリング問題　4

時系列データ　18
質的データ　18
自動不動産鑑定システム　7
ジニ係数　56
四分位偏差　42, 44
尺度　17
重回帰分析　86
集計誤差　15
集計バイアス　4
住宅価格　9
住宅価格統計　27
自由度　104, 107
自由度調整済み決定係数

索引

シュバルツのベイズ情報量
　基準(BIC)　108
ジュボン指数　32, 43
消費者物価指数　3, 27, 29
人工知能　131

推測統計　11
推定可能な一般化最小二乗
　法(GLS)　121
数量指数　29
スタージェスの公式　53

正規分布　98
説明変数　107

相関関係　63
相関行列　70
相関係数　64, 69, 110
相関マトリックス　70

た　行

代表値　21
ダウンサイド・リスク　49
多重共線性　98, 119, 124
ダービン・ワトソンのd
　統計量　119
多変量解析　86
ダミー変数　104
単回帰分析　76, 85

中央値　21, 23
調和平均　21, 32
直接測定　14
散らばり　48, 60

データ　17
データサイエンティスト
　129

データマイニング　6, 127,
　139
統計量　21, 42
度数分布　51
度数分布表　51

な　行

ニューラルネットワーク
　(NN)　130, 135, 138

は　行

バイアス　12
パーシェ指数　30, 36, 44
外れ値　22
ハーフィンダール・ハーシ
　ュマン指数(HHI)　59
範囲　42, 43

ピアソン　7
ヒストグラム　52
被説明変数　88
ビッグデータ　6, 127
非標本誤差　15
標準偏差　42, 46, 48, 55,
　60, 67
標本　10
標本誤差　15

不均一分散　119, 121
物価　118
物価指数　3, 29
不動産価格指数　38
不動産鑑定士　5
分散　42, 45, 55, 60
分散拡大要因(VIF)　124
分散均一性　97

平均絶対偏差　45
平均値（算術平均）　21,
　22, 26, 28, 30, 31, 44, 53,
　60, 66
偏差　44, 55, 66
変動係数　47

母集団　10
母分散　45
ホワイトの修正　123

ま　行

無作為抽出法　15

や　行

有意抽出法　15
尤度比検定　114

予測値　80

ら　行

ラスパイレス指数　30, 34,
　44

リスク・マネジメント　49
量的データ　18
理論値　80

連鎖型指数　37
連鎖カルリ指数　38
連鎖ジュボン指数　38
連鎖パーシェ指数　38
連鎖ラスパイレス指数
　38, 43

ローレンツ曲線　57

著者略歴

清水　千弘
<ruby>し<rt></rt>みず<rt></rt>ち<rt></rt>ひろ<rt></rt></ruby>

1967年　岐阜県大垣市に生まれる。
1994年　東京工業大学大学院理工学研究科博士課程中退，東京大学博士（環境学）
　　　　一般財団法人日本不動産研究所研究員，株式会社リクルート住宅総合研究所主任研究員，麗澤大学経済学部教授，ブリティッシュコロンビア大学経済学部客員教授，シンガポール国立大学不動産研究センター教授などを経て現職。
現　在　日本大学スポーツ科学部教授。マサチューセッツ工科大学不動産研究センター研究員，リクルートAI研究所フェローなどを兼務。
専　門　経済統計，応用計量分析。不動産，労働，金融，環境，財政，物価，空間データ，スポーツデータなどを用いて，幅広く研究を実施している。

市場分析のための
統 計 学 入 門　　　　　　　定価はカバーに表示

2016年4月1日　初版第1刷
2017年2月10日　　　第2刷

　　　著　者　清　水　千　弘
　　　発行者　朝　倉　誠　造
　　　発行所　株式会社　朝　倉　書　店
　　　　　　　東京都新宿区新小川町6-29
　　　　　　　郵便番号　162-8707
　　　　　　　電　話　03(3260)0141
　　　　　　　ＦＡＸ　03(3260)0180
　　　　　　　http://www.asakura.co.jp

〈検印省略〉

© 2016〈無断複写・転載を禁ず〉　　　中央印刷・渡辺製本

ISBN 978-4-254-12215-2　C 3041　　　Printed in Japan

JCOPY　＜(社)出版者著作権管理機構　委託出版物＞
本書の無断複写は著作権法上での例外を除き禁じられています．複写される場合は，そのつど事前に，(社) 出版者著作権管理機構 (電話 03-3513-6969, FAX 03-3513-6979, e-mail: info@jcopy.or.jp) の許諾を得てください．

応用ファイナンス講座 4
日大 清水千弘・富山大 唐渡広志著
不動産市場の計量経済分析
29589-4 C3350　　A 5 判 192頁 本体3900円

客観的な数量データを用いて経済理論を基にした統計分析の方法をまとめた書〔内容〕不動産市場の計量分析／ヘドニックアプローチ／推定の基本と応用／空間計量経済学の基礎／住宅価格関数の推定／住宅価格指数の推定／用途別賃料関数の推定

東大 縄田和満著
Excelによる回帰分析入門
12134-6 C3041　　A 5 判 192頁 本体3200円

Excelを使ってデータ分析の例題を実際に解くことにより、統計の最も重要な手法の一つである回帰分析をわかりやすく解説。〔内容〕回帰分析の基礎／重回帰分析／系列相関／不均一分散／多重共線性／ベクトルと行列／行列による回帰分析／他

東大 縄田和満著
Excelによる統計入門
—Excel 2007対応版—
12172-8 C3041　　A 5 判 212頁 本体2800円

Excel 2007完全対応。実際の操作を通じて統計学の基礎と解析手法を身につける。〔内容〕Excel入門／表計算／グラフ／データの入力と処理／1次元データ／代表値／2次元データ／マクロとユーザ定義関数／確率分布と乱数／回帰分析他

高橋麻奈著
ここからはじめる 統計学の教科書
12190-2 C3041　　A 5 判 152頁 本体2400円

まったくの初心者へ向けて統計学の基礎を丁寧に解説。図表や数式の意味が一目でわかる。〔内容〕データの分布を調べる／データの「関係」を整理する／確率分布を考える／標本から推定する／仮説が正しいか調べる（検定）／統計を応用する

前広大 前川功一編著　広経大 得津康義・
別府大 河合研一著
経済・経営系のための よくわかる統計学
12197-1 C3041　　A 5 判 176頁 本体2400円

経済系向けに書かれた統計学の入門書。数式だけでは納得しにくい統計理論を模擬実験による具体例でわかりやすく解説。〔内容〕データの整理／確率／正規分布／推定と検定／相関係数と回帰係数／時系列分析／確率・統計の応用

早大 豊田秀樹編著
基礎からのベイズ統計学
ハミルトニアンモンテカルロ法による実践的入門
12212-1 C3041　　A 5 判 248頁 本体3200円

高次積分にハミルトニアンモンテカルロ法（HMC）を利用した画期的初級向けテキスト。ギブズサンプリング等を用いる従来の方法より非専門家に扱いやすく、かつ従来は求められなかった確率計算も可能とする方法論による実践の入門。

東大 国友直人著
シリーズ〈多変量データの統計科学〉10
構造方程式モデルと計量経済学
12810-9 C3341　　A 5 判 232頁 本体3900円

構造方程式モデルの基礎, 適用と最近の展開。統一的視座に立つ計量分析。〔内容〕分析例／基礎／セミパラメトリック推定（GMM他）／検定問題／推定量の小標本特性／多操作変数・弱操作変数の漸近理論／単位根・共和分・構造変化／他

慶大 小暮厚之著
シリーズ〈統計科学のプラクティス〉1
Rによる 統計データ分析入門
12811-6 C3341　　A 5 判 180頁 本体2900円

データ科学に必要な確率と統計の基本的な考え方をRを用いながら学ぶ教科書。〔内容〕データ／2変数のデータ／確率／確率変数と確率分布／確率分布モデル／ランダムサンプリング／仮説検定／回帰分析／重回帰分析／ロジット回帰モデル

東北大 照井伸彦・阪大 ウィラワン・ドニ・ダハナ・
日大 伴　正隆著
シリーズ〈統計科学のプラクティス〉3
マーケティングの統計分析
12813-0 C3341　　A 5 判 200頁 本体3200円

実際に使われる統計モデルを包括的に紹介, かつRによる分析例を掲げた教科書。〔内容〕マネジメントと意思決定モデル／市場機会と市場の分析／競争ポジショニング戦略／基本マーケティング戦略／消費者行動モデル／製品の採用と普及／他

学習院大 福地純一郎・横国大 伊藤有希著
シリーズ〈統計科学のプラクティス〉6
Rによる 計量経済分析
12816-1 C3341　　A 5 判 200頁 本体2900円

各手法が適用できるために必要な仮定はすべて正確に記述、手法の多くにはRのコードを明記する, 学部学生向けの教科書。〔内容〕回帰分析／重回帰分析／不均一分析／定常時系列分析／ARCHとGARCH／非定常時系列／多変量時系列／パネル

上記価格（税別）は 2017 年 1 月現在